华东区域气候变化评估报告
决策者摘要及执行摘要(2012)

《华东区域气候变化评估报告》编写委员会　编著

气象出版社
China Meteorological Press

内容简介

华东区域包括上海市、江苏省、浙江省、安徽省、福建省、江西省、山东省。《华东区域气候变化评估报告》由中国气象局组织华东区域气象中心实施。

《华东区域气候变化评估报告》包括华东区域的气候变化基本事实、影响与对策和分省(市)的气候变化影响评估共三编。第一编包括九章，主要描述华东区域气候变化的基本事实、主要特征和可能原因，并对未来华东区域气候变化趋势做出预估；第二编包括七章，针对不同领域对气候变化的影响进行了评估；第三编共七章，为华东区域的分省(市)报告。

本书以《华东区域气候变化评估报告》为基础，凝练出华东区域气候变化评估报告决策者摘要和执行摘要，以供华东区域内的各级决策部门，以及气候、气象、经济、水文、海洋、农林牧、地质和地理等领域的科研与教学人员参考使用。

图书在版编目(CIP)数据

华东区域气候变化评估报告决策者摘要及执行摘要/《华东区域气候变化评估报告》编写委员会编著. —北京：气象出版社，2013.6

ISBN 978-7-5029-5729-2

Ⅰ.①华… Ⅱ.①华… Ⅲ.①气候变化-研究报告-华东地区 Ⅳ.①P468.25

中国版本图书馆 CIP 数据核字(2013)第 121659 号

出版发行：气象出版社

地　　址：北京市海淀区中关村南大街 46 号　　**邮政编码**：100081

总 编 室：010-68407112　　**发 行 部**：010-68409198

网　　址：http://www.cmp.cma.gov.cn　　**E-mail**：qxcbs@cma.gov.cn

责任编辑：隋珂珂　　**终　　审**：黄润恒

封面设计：博雅思企划　　**责任技编**：吴庭芳

印　　刷：北京中新伟业印刷有限公司

开　　本：880×1230　1/16　　**印　　张**：5.5

字　　数：136 千字　　**彩　　插**：4 页

版　　次：2013 年 7 月第 1 版　　**印　　次**：2013 年 7 月第 1 次印刷

定　　价：28.00 元

《华东区域气候变化评估报告》编写领导委员会

主　编：郑国光
副主编：沈晓农
执行副主编：汤　绪
编　委：罗云峰　翟武全　黎　健　于　波
　　　　董　熔　常国刚　史玉光

《华东区域气候变化评估报告》编写办公室

主　任：汤　绪
副主任：巢清尘　冯　磊
成　员：袁佳双　赵　瑞　陶立英　解令运　任鸿翔
　　　　张　苏　彭云峰　邓世忠　李振海　姜纪峰

《华东区域气候变化评估报告》编写专家

第一篇

主笔专家：陈葆德
执笔专家：陈葆德　侯依玲　杨续超　应　明　占瑞芬
　　　　　董广涛　顾　问　史　军　梁　萍　孔春燕
　　　　　田　展　许建明
贡献专家：孙国武　杨玉华　赵兵科　徐　明　雷小途
　　　　　陈伯民　姚益平　田　红　王　岩　项　瑛
　　　　　肖　卉　柳　苗　郁家成　林　昕　王怀清
　　　　　彭　静　高　理　顾伟宗　梁卓然

第二篇

主笔专家：田　展　田　红　殷剑敏　谈建国　李　军
　　　　　史　军　刘校辰　杨续超
执笔专家：田　展　田　红　殷剑敏　谈建国　李　军
　　　　　史　军　刘校辰　杨续超　曾慧卿　陶　寅
　　　　　占明锦
贡献专家：陈葆德　侯依玲　孙国武　许遐祯　吕　军
　　　　　陶　玫　樊高峰　杨忠恩　吴必文　王效瑞
　　　　　王　岩　项　瑛　林　昕　章毅之　姜智怀
　　　　　邹　瑾　孟祥新

第三篇

主笔专家：穆海振　许遐祯　樊高峰　田　红　王　岩
　　　　　殷剑敏　陈艳春
执笔专家：穆海振　许遐祯　樊高峰　田　红　王　岩
　　　　　殷剑敏　陈艳春　侯依玲　项　英　蒋　薇
　　　　　柳　苗　徐　敏　王　胜　林　昕　王怀清
　　　　　孔　萍　高　理
贡献专家：陈葆德　董广涛　刘校辰　田　展　杨续超
　　　　　史　军　顾骏强　吕　军　王让会　程　智
　　　　　唐为安　鹿世瑾　吴振海　高建芸　彭　静
　　　　　赵冠男　汤子东　李鸿怡　俞亚勋

决策者摘要及执行摘要

主笔专家：侯依玲　吴　蔚　田　展　刘校辰　梁卓然
执笔专家：陈葆德　许建明　项　瑛　柳　苗　王　胜
　　　　　林　昕　占明锦　邹　锦
贡献专家：穆海振　许遐祯　樊高峰　田　红　王　岩
　　　　　殷剑敏　陈艳春　李　军　梁　萍

《华东区域气候变化评估报告》评审专家

第一篇

丁一汇　任国玉　许吟隆　邵雪梅　钱永甫

第二篇

王家先　王效瑞　任国玉　许吟隆　许瑞林　吴必文　吴绍洪　张　苏　汪树青　周广胜　林而达　徐和生　徐建敏　徐家良　黄　岩　黄　耀　鲍文中

第三篇

王州平　王西文　王家先　王　峰　任　奔　刘喜民　曲建国　吴必文　张　苏　张　轼　李立铮　杨升全　汪树青　沈　丰　陈启兴　周燕儿　金　扬　俞善贤　胡　飞　徐和生　徐建敏　徐家良　郭　沛　郭英荣　顾玉龙　肖石海　鹿世瑾　黄书林　黄　岩　彭春瑞　赖格英　鲍文中　翟国庆　潘永圣　薛德强　戴年华　魏化军

决策者摘要及执行摘要

沈晓农　丁一汇　林而达　罗云峰　巢清尘　宋连春　罗　勇　周波涛　任国玉　姜　彤　高庆先　李庆祥　孙　颖　刘洪斌　李　军　孙国武　鲍宝堂　袁佳双　王金星　何　勇　赵　瑞

统稿人：侯依玲　吴　蔚

《华东区域气候变化评估报告》评审部门

上海市发展和改革委员会
上海市环境保护局
上海市农业技术推广服务中心
上海市科学学研究所
上海市水务局
江苏省农业委员会
江苏省可再生能源项目办
浙江大学
浙江国土资源厅
安徽省发展和改革委员会
安徽省防汛抗旱指挥部
福建省发展和改革委员会
福建省农业厅
福建省林业厅
江西省发展和改革委员会
江西省能源局
江西省林业厅
江西省农业科学研究院
江西省社会科学研究院
江西省鄱阳湖水利枢纽建设办公室
江西省寄生虫病防治研究所
江西师范大学
山东省发展和改革委员会
山东省农业技术推广总站
山东省水文水资源局
山东省黄河河务局

序

当前全球气候正经历着以变暖为主要特征的显著变化，由此引起了一系列气候和环境问题，并对农业、林业、水资源、自然生态系统(如草原、湖泊、湿地、冰川和冻土等)、人类健康和社会经济等产生了显著影响，成为全球可持续发展面临的最严峻挑战之一，受到了社会各界的广泛关注。

我国幅员辽阔，气候多样复杂，区域经济特点和发展水平差异大，利用气候资源和应对气候变化面临的挑战和途径也不尽相同。为此，中国气象局于2008年组织专家开展了全国区域气候变化评估工作，旨在为区域应对气候变化工作提供科学认识和基础支撑。

华东区域六省一市作为我国最具经济活力、最发达、资源利用效率最高的地区，在城市建设开发、高速交通网络、高新技术产业园等方面发展很快，并形成了有较强竞争力的产业链和产业集群，经济总量位居全国前列。"十二五"期间，华东地区将面临着长江三角洲区域经济一体化、安徽皖江城市带建设、福建海峡西岸经济区建设等重要战略机遇。同时，气候变化和城市化也将使华东地区面临着更高的极端灾害风险和更脆弱的气候变化影响，特别是沿海地区将更易受到强降水、洪涝灾害、高温热浪、台风、雾霾、雷电和海平面上升的直接威胁，城市化进程中的城市发展与节能减排、低碳发展与适应气候变化等挑战将更大。为此，在上海、江苏、浙江、安徽、福建、江西、山东等省(市)气象部门科研人员共同努力下，历时3年半完成并出版了《华东区域气候变化评估报告》(2012)。该报告对区域内的气候变化基本事实、影响与适应和分省情况进行了科学评估，从农业、林业、水资源、能源、海岸带、人体健康、自然生态系统等领域出发，提出区域应对气候变化的措施及建议。报告执笔人在科学报告的基础上，编写了报告的执行摘要和决策者摘要，以较少的篇幅向读者传递关键的信息。

我很高兴为此撰写序言，并推荐给政府决策部门、科技人员及广大读者。我还特别感谢为此评估报告编辑和出版做出贡献的科技人员，在此对他们表示衷心的感谢！

郑国光

中国气象局局长

目　　录

序

华东区域气候变化评估报告决策者摘要

华东区域气候变化评估报告执行摘要

华东区域
气候变化评估报告
决策者摘要

1 引言

1.1 《报告》的意义、范围及与《气候变化国家评估报告》的联系

《气候变化国家评估报告》是我国应对气候变化的重要指导性文件之一，在国家层面为适应和减缓气候变化、开展气候变化国际合作活动，提供重要的科技支撑。由于我国幅员辽阔，生态类型多，气候复杂多样，不同地区气候特征及其变化差异较大，因此开展区域气候变化评估工作显得尤为重要。华东区域作为我国重要的经济发达区域和气候变化敏感区域之一，更迫切需要开展区域气候变化评估工作。

在科学研究基础上，《华东区域气候变化评估报告》(以下简称《报告》)通过全面综合、归纳国内外有关华东区域气候变化科学研究成果，凝练出重要的区域气候变化科学结论，为华东区域各级政府应对气候变化工作提供科技支撑。

《报告》所指的华东区域包括上海、江苏、浙江、安徽、福建、江西和山东六省一市。《报告》共分三个部分：第一篇分九章，主要描述华东区域气候变化的基本事实、主要特征和可能原因，并对未来华东区域气候变化趋势做出预估；第二篇分七章，从不同领域进行气候变化影响评估；第三篇为分省报告，共七章(专栏 1)。

本摘要根据《报告》的主要科学结论凝练而成，详细内容可参见《报告》全文。

专栏 1:《华东区域气候变化评估报告》篇章结构

第一编　基本事实

第 1 章　绪论
第 2 章　华东区域气候变化研究概述
第 3 章　华东区域基本气候要素气候变化事实分析
第 4 章　华东区域高影响天气、气候变化事实分析
第 5 章　华东区域气候变化的一致性和局地性
第 6 章　华东区域下垫面改变对气温的影响
第 7 章　全球模式对华东区域气候变化预估的不确定性分析
第 8 章　华东区域气候变化趋势预估
第 9 章　结论与展望
附　录　资料和分析方法

第二编　影响与适应

第 10 章　华东区域气候变化及其影响评估
第 11 章　气候变化对华东区域农业的影响
第 12 章　气候变化对华东区域能源消费的影响
第 13 章　气候变化对华东区域水资源的影响

1.2 《报告》使用的资料和评估方法

《报告》主要采用专题研究与文献评估相结合的方法，其中第一篇主要根据最新资料对观测到的气候变化事实进行研究；第二篇和第三篇主要采用文献评估与分析研究相结合的方法对华东区域各领域和六省一市气候变化影响进行评估。《报告》共引用文献六百余篇。

1. 资料：(1)1961—2007 年华东区域 478 个气象站观测资料；(2)美国国家环境预报中心的再分析资料；(3)政府间气候变化专门委员会第四次评估报告的全球气候模式预估结果；(4)其他国际交换资料。

2. 分析方法：(1)采用最优插值方法将站点数据转化成网格数据，以减少气象站之间的权重不同和时间非均一性而引起的偏差；(2)采用观测资料减去再分析资料的方法计算了城市化和土地利用改变对气温变化的可能贡献；(3)全球气候模式预估的动力降尺度方法。

3. 评估方法：采用文献评估和模型预估相结合的办法，其中：(1)基于区域气候模式预估结果，利用本地化作物生长模型，评价未来气候变化对华东区域粮食作物的影响；(2)采用采暖度日和制冷度日指标评估气候变化对能源消费的影响；(3)其他领域采取文献评估，综合、归纳了 2009 年之前国内外有关华东区域气候变化科学研究的主要成果。

2 气候变化观测事实、影响与原因

2.1 观测到的气候变化

2.1.1 气温

1951—2007 年，华东区域年平均气温升温速率约为 0.14℃/10 年(图 1)，低于全国同期平均升温速率(0.22℃/10 年),但高于全球近百年平均升温速率(0.07℃/10 年),略高于全球近 50 年升温速率(0.13℃/10 年)。华东区域年平均气温升温率也呈现一定的地区差异:华东区域北部高于南部,主要大城市高于中小城市,尤其是长三角地区 16 个大中型城市均表现为热中心,且以上海、杭州为转折点,贯穿南京、常州、无锡、苏州、嘉兴、绍兴、宁波等地,呈现“Z”字形的热岛分布格局。(见《执行摘要》1.1)

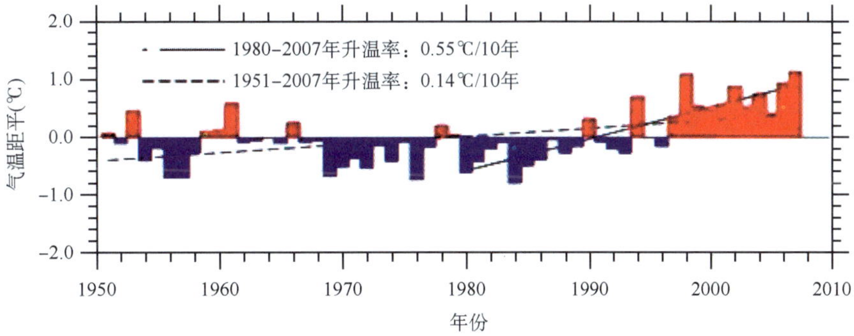

图 1　华东区域 1951—2007 年年平均气温距平

2.1.2　降水

1951—2006 年,华东区域年降水量呈现微弱增加趋势(图 2),但各地降水量变化趋势有所不同;1980—2006 年,上海、安徽、浙江和江西总体呈减少趋势,而山东、福建和江苏总体呈增加趋势。

1961—2007 年,华东大部地区暴雨日数和暴雨降水量呈现增加趋势,其中以江南最为明显,而中雨和小雨呈减少趋势(表 1)。(见《执行摘要》1.2)

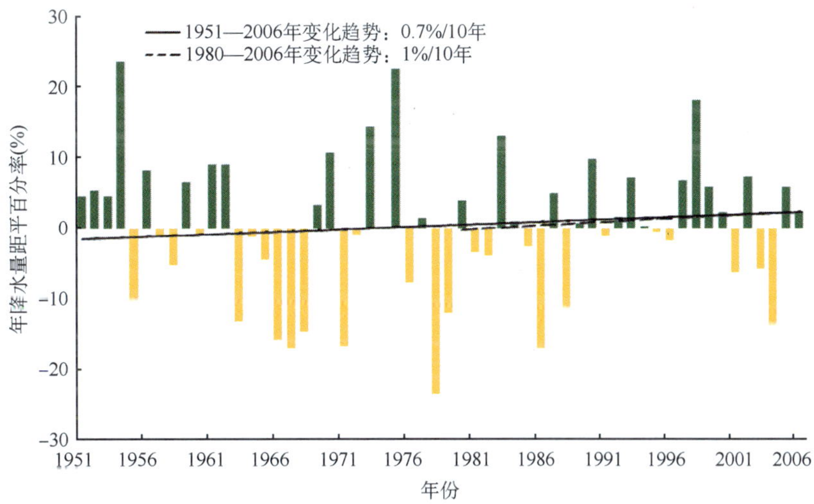

图 2　华东区域 1951—2006 年年降水量距平百分率

表 1　华东区域年内不同量级降水总量和总日数的变化特征

降水量级(24 小时降水量)	不同量级降水总量变化特征	不同量级降水总日数变化特征
小雨(0.1～9.9 毫米)	全区大部减少	全区一致减少
中雨(10.0～24.9 毫米)	中部增加而南北部减少	中部增加而南北部减少
大雨(25.0～49.9 毫米)	南部增加而北部减少	南部增加而北部减少
暴雨(50.0～99.9 毫米)	大部一致增加	大部一致增加
大暴雨(100.0～250.0 毫米)	西南部增加而东北部减少	西南部增加而东北部减少
特大暴雨(≥250.0 毫米)	大部一致减少	大部一致减少

2.1.3 高温

1961—2007年，长三角以及浙江、福建大部分地区高温日数呈现增多趋势，而江苏北部、山东、安徽、江西等大部地区高温日数则有下降趋势；高温热浪年频次的变化趋势为长三角、浙江中东部、福建和江西部分地区增加，山东、安徽北部、江苏北部和江西西南部减少。

1961—2007年，高温与酷暑日数比在1970年代中期发生转折：1970年代中期之前以高温日数居多，1970年代中期以后酷暑日数比例上升。（见《执行摘要》1.1.3）

2.1.4 热带气旋

影响华东区域热带气旋的频数没有显著变化，但其中超强台风频数明显减少。影响华东南部地区的热带气旋强度显著增强，首次登陆地点的北界南移，登陆范围向北纬23°～35°区间汇聚（1949—2006年）。热带气旋影响华东区域的初日和终日均有明显的推迟。热带气旋大风风力在华东南部沿海地区和山东半岛东端减小，但在长三角地区增强。（见《执行摘要》1.3）

2.1.5 雾霾

1961—2007年，华东区域雾频次呈现出先增加后减少的变化特征：1961—1980年增加，1981—2007年为减少趋势。霾频次则呈现出逐渐增加的变化特征：1961—2000年霾频次增加趋势平稳，2001—2007年急剧增加。（见《执行摘要》1.4）

2.1.6 气溶胶和对流层臭氧

1980—2001年，华东区域500纳米波段上气溶胶光学厚度[①]平均值为0.145；2000—2010年，华东区域550纳米波段上气溶胶光学厚度平均值为0.540。两段时间内均呈微弱上升趋势，这可能与区域内的人类活动有关。

1979—2009年，华东区域的对流层臭氧的平均值为36.3多布森单位，整体变化趋势不显著，但在1998年以后呈现比较明显的年际振荡特征，其中1998—2002年显著下降，之后迅速回升。（见《执行摘要》1.5.1、1.5.2）

2.1.7 云和辐射

1961—2007年，华东区域总云量总体上呈现减少趋势，北部减少幅度较大。

1961—2008年，华东区域总辐射呈现减少趋势，其中1990年前呈现出显著的下降趋势，1990—1995年呈现快速增加趋势，1995—2000年再次呈下降趋势，2000年后在平均线上下波动略有增加。（见《执行摘要》1.5.3）

2.2 观测到的气候变化影响

2.2.1 农业

过去50年华东区域热量资源、农作物种植面积和粮食气象产量发生了明显的变化：

---

① 气溶胶光学厚度：介质的消光系数在垂直方向上的积分，用于描述气溶胶对光的衰减作用

呈现出日平均气温稳定通过 0℃、10℃的初日提前、终日推迟、初终日期间日数增加、积温增多的趋势，使得作物种植带北移，二熟制、三熟制的适宜种植面积扩大。气候变暖有利于提高复种指数，但由于其他原因，实际复种指数并未增加，双季早稻和夏粮种植面积呈减少趋势，秋粮、一季稻、经济作物及油料等种植面积呈增加趋势。病虫害的影响加重，冻害和洪涝的受灾面积有增加趋势，农作物产量的不稳定性增加。（见《执行摘要》3.1.1）

2.2.2 水资源和水环境

华东区域年降水量变化的地区差异较大，黄河流域呈减少趋势，淮河流域特别是中上游和沿淮地区 2000 年以来降水量明显增多，1961—2005 年，长江流域全流域降水总体上无明显变化趋势，东南诸河流域呈增加趋势。旱涝事件总体上趋多趋强，黄河流域、淮河流域和长江流域的干旱范围在迅速扩大或逐步扩大。各大主要流域径流量多呈减少趋势，但程度不一：黄河流域下游径流量从 1970 年代后期开始明显减少；淮河流域受降水影响，有明显阶段性变化；长江流域径流量与降水量类似，无明显增多或减少趋势；闽江流域呈不明显减少趋势。气候变暖加剧江河湖泊水质恶化，巢湖、太湖等水体蓝藻暴发比以前频繁。（见《执行摘要》3.2.1）

2.2.3 生态系统

由于海洋温度升高和大气中二氧化碳浓度增加，导致沿海区域大型藻类灾害事件的进一步增多；近海绿潮加重。气候变化也影响近海生物的迁移。

华东区域湿地退化、面积减少；湿地植被出现湿生植物向沙生植物转化、湿生和挺水植物快速向湖心推进的趋势。虽然干旱对湿地有负面影响，但湿地生态系统仍发挥吸收碳的功能；受气候变暖影响，湿地植被碳存储量呈增加趋势。

森林生产力受温度和降水的变化影响有少量增加趋势，近 20 年来的森林碳库呈现增加的趋势。

温度和降水等气候变化直接影响鸟类的活动节律，还可通过对栖息地和食物资源等环境条件的变化给鸟类带来间接影响（专栏 2）。如由于气温变暖，与 1950 年代相比，上海地区 1980 年代增加了 14 种从南方扩散而来的鸟类。（见《执行摘要》3.4.1）

专栏 2：江苏省两类候鸟物候特征变化

鸟类是生态系统中最活跃、最引人注目的组成部分之一，对气候和环境的改变反应相当敏感，因而常常可以作为检测气候与环境变化的指标之一。下图给出江苏大丰市的两种候鸟的物候期变化趋势。受气候变化的影响，大丰市的家燕和四声杜鹃始见（鸣）期均表现为逐年提早，以 2.1 天/10 年和 0.6 天/10 年的速率提前；绝见（鸣）期的变化幅度比始见（鸣）期大，四声杜鹃的绝见（鸣）期提前最为显著，速率为 20.8 天/10 年，造成四声杜鹃停留时间以 20.2 天/10 年的速度缩短。

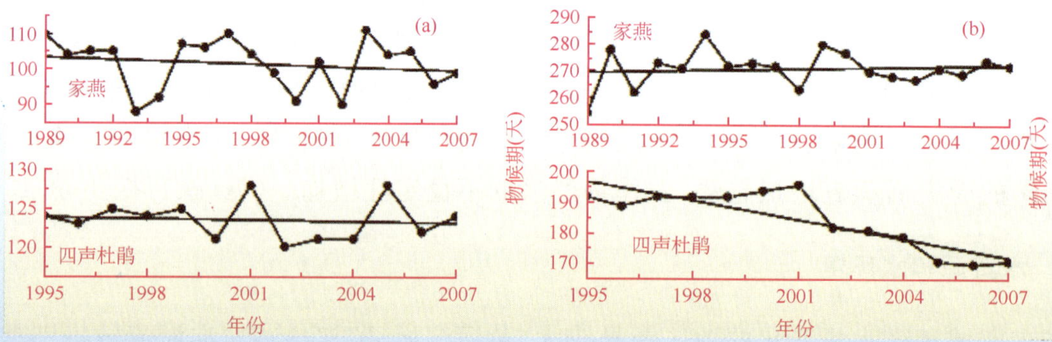

江苏大丰市两种候鸟始(鸣)见(a)和绝(鸣)见(b)物候期随时间变化趋势(摘自:杨丽慧,郑有飞,许遐祯,吴荣军. 两种候鸟的物候变化特征及其对气候因子的响应[A]. 第26届中国气象学会年会气候变化分会场论文集[C],2009年)

2.2.4 海岸带

气候变化对海岸带最主要影响是海平面持续缓慢上升。1978—2007年,华东沿海各省市海平面升高幅度由高至低为:上海(115毫米)、浙江(98毫米)、山东(96毫米)、江苏(78毫米)和福建(47毫米),长江三角洲地区的海平面上升速度最为显著。

观测表明风暴潮的频率和强度较之从前有所加强,2000年我国沿海曾发生严重的风暴潮灾害,给华东沿海社会经济造成了巨大的损失。海岸侵蚀、海水入侵也是华东区域尤其是三角洲地带所面临的主要问题,同时地面沉降也增加了海平面上升的相对高度。山东省是我国海岸带侵蚀长度最长的省份。(见《执行摘要》3.3.1)

2.2.5 制冷与采暖

度日是衡量建筑能耗(采暖或制冷)的一个指标。1961—2007年期间,采暖度日在华东大部分地区都减少,并呈现出东北减少幅度大、南部减少幅度小的空间分布特征;制冷度日在华东多数地区都呈现出增加趋势,以长江三角洲地区、浙江东部和福建增加最为明显。采暖和制冷总度日之和在华东大部分地区都减少,并在北部减少较多。(见《执行摘要》3.5.1)

2.2.6 人体健康

气候变化对人体健康的影响方式主要为直接影响和间接影响。直接影响包括高温热浪、低温寒潮以及其他极端天气气候事件。华东区域是高温热浪发生较为频繁的地区之一,高温热浪强度和持续时间的增加,除直接造成死亡率增加外,还导致以心脑血管、呼吸系统疾病为主的发病率增加。华东区域特别是长三角地区城市热岛效应强,城市人口密度大,城市空气污染状况严重,进一步加剧了对人体健康的危害。

气候变化对人体健康的间接影响包括对饮水供应、卫生设施、农业生产、食品安全以及媒介传播性疾病和水传播性疾病的影响。温度和降水的变化通过影响媒介虫类的行为和地理分布,而改变媒介疾病的发生率。随着气候变化,华东沿海地区,包括福建北部、浙江、上海、江苏和山东南部成为登革热的高风险区。气温升高还导致血吸虫流行区的钉螺感染率增加、感染季节延长。另外臭氧层破坏、水质恶化、空气污染以及花粉传播,均对人体健康产生诸多不利的影响。(见《执行摘要》3.6.1)

2.3 区域气候变化的原因

引起气候变化的驱动因子包括自然和人为两个方面。自然因子主要包括火山活动、太阳变化以及气候系统内部的变化(如厄尔尼诺、温盐环流以及大气自身的变化等)。人为因子主要包括人类为了改变生存条件所进行的各类活动,如化石燃料消耗导致的温室气体排放、土地利用改变和人为气溶胶的增加等。

一般来讲区域气候变化是全球与区域尺度、自然因子和人为因子共同作用的结果。对于华东区域的气候变化来说,除了对全球气候变化的响应外,区域内土地利用状况改变(如城市化)以及气溶胶变化的作用也十分明显。

研究发现,城市化对1981—2007年华东区域平均增暖幅度的总体贡献约为四分之一,表明土地利用状况改变对局地气温的影响比较显著。

由于气溶胶粒子排放源分布的区域差异性以及在大气中相对较短的滞留时间,其主要对区域降水分布与变化具有较大的影响。研究表明华东区域近五十年小雨频次减少与排放的气溶胶密切相关。由于气溶胶粒子的大量增加,导致半径较小的云凝结核和云滴数增加,降低小雨滴的形成效率,从而导致了小雨频次的减少。

3 未来气候变化趋势与潜在影响

3.1 未来可能的变化趋势

《报告》利用全球和区域气候模式(专栏3),预估了中等排放情景下华东区域的气候变化趋势:2011—2039年,年平均气温将呈升高趋势,升温率为0.38℃/10年;年降水量变化趋势不显著。(见《执行摘要》第2章)

专栏3:排放情景和气候模式说明

1. 排放情景

为了预估未来全球和区域气候变化,必须事先提供未来温室气体和硫酸盐气溶胶排放的情况,即所谓的排放情景。排放情景通常是根据一系列因子(包括人口增长、经济发展、技术进步、环境变化、全球化、公平原则等)假设得到的。对应于未来可能出现的不同社会经济发展状况,通常要制作不同的排放情景,其中A1B代表中等排放情景。

2. 气候模式

气候模式是根据基本的物理定律,来确定气候系统中各个分量的演变特征的数学方程组,并将上述方程组在计算机上实现程序化后,就构成了气候模式。气候模式可以用来描述气候系统、系统内部各个组成部分及各个部分之间、各个部分内部子系统间复杂的相互作用,已经成为认识气候系统行为和预估未来气候变化的定量化研究工具。

3.2 未来可能的影响

3.2.1 农业

未来气候变暖使得热量资源更为丰富，华东区域一年三熟的种植制度向长江以北延伸；如果不改良水稻的品种和种植方式，会使华东区域双季稻作物生长期进一步缩短，产量有所下降。在A1B情景下，2030年代华东区域水稻大多呈现减产趋势，变化幅度为－25%～－5%，而小麦产量将在－5%～5%之间波动，大多区域呈略微增产的趋势。

在CO_2浓度升高的情况下，作物吸收的碳增加、氮减少，碳—氮比升高，蛋白质含量将降低，从而作物品质降低；稻米直链淀粉含量增加，铁和锌元素则会下降；高温和高CO_2浓度不利于小麦氨基酸含量的提高；未来夏季高温也将影响稻米的质量。

未来气候变化可能会加重江西、皖南、浙西等地7、8月份的伏旱，影响早稻成熟和双季晚稻插秧；长江中下游地区在伏旱期可能出现的持续高温天气，将严重影响早稻产量。大多数病虫害在变暖变湿的条件下会严重地危害农作物生长，而温度升高还会使病虫害活动范围扩大、繁殖率提高。（见《执行摘要》3.1.1）

3.2.2 水资源和水环境

长江流域降水量在2020年前以减少为主，2020—2040年期间增加，其地表径流在未来前30年间变化不明显，呈略微减少趋势；2011—2040年期间淮河流域年径流量将以减少趋势为主；21世纪前50年，鄱阳湖流域降水量呈现先减少后增加的变化趋势。未来气候变暖可能进一步加剧巢湖、太湖等水体蓝藻暴发。（见《执行摘要》3.2.1）

3.2.3 生态系统

未来气候变化会使华东区域海洋物种分布北界继续往北推进。海平面上升会威胁到华东区域红树林的生存，但气温升高有利于红树林适宜生长范围的扩大，如气温升高2℃，红树林引种的北界可望到达杭州湾一带。

未来气候变化会使鄱阳湖属地植被的碳存储量增加，森林生产力、产量和碳存储量也呈现不同程度的增加。如CO_2浓度倍增后，江西森林生产力将增加12%～35%。各种类型森林带向北推进，水平分布范围扩展，山地森林垂直带谱向上移动，影响生态系统的稳定性，威胁生物多样性；未来气候变化还会导致湿地面积萎缩，影响候鸟类栖息地；导致鸟类从低纬度向高纬度的迁徙期提前。（见《执行摘要》3.4.1）

3.2.4 海岸带和河口

预计华东沿海各省市的海平面未来30年内与2009年相比较将上升7～15厘米。考虑地面沉降等因素，海平面上升值可能大于预估值。

随着全球温度和海平面的持续缓慢升高，将可能导致华东沿海地区风暴潮的数量、频率有所增加。海平面上升和降水形态的改变将进一步加剧华东区域沿海及河口地带海岸侵蚀、海水入侵和淡水资源的破坏。如长江口海平面上升30厘米,盐水楔将向上游推进3.3千米,会给沿海城市的供水系统带来不利影响。

海平面上升将降低河口地区的海堤防御能力和涵闸排水能力,增加港口设施受淹频率和范围,加快航道的淤塞。地面沉降将会进一步加剧海平面上升带来的危害。(见《执行摘要》3.3.1)

3.2.5　采暖与制冷

未来气候变化将使得华东区域采暖度日以每10年减少66度日的速率变化,制冷度日的速率变化为每10年增加45度日。其中华东区域采暖度日减少呈现出北部幅度大、东南幅度小的特征;制冷度日增加呈现出中西部幅度大、北部和沿海幅度小的特征。(见《执行摘要》3.5.1)

3.2.6　人体健康

气候变化有利于华东区域传染性虫媒的繁殖与侵袭,从而增加虫媒类传染病的发病率;并可能造成疟疾向华东中北部地区的传播。2030年血吸虫病潜在分布区可能北移至江苏北部、安徽北部、山东西南部等地区。高温热浪强度的增强,可能会增加华东区域居民,尤其是城市居民脑卒中(中风)的风险。未来气候变化可能导致地表水质因污染而下降,从而影响饮用水质量,造成皮肤病、心血管疾病、肠胃病等各类疾病的增加。(见《执行摘要》3.6.1)

4　不确定性分析

气候变化研究结果的不确定性主要来自三个方面:(1)观测资料的误差,如随机误差和系统误差;(2)"模型不确定性":其主要是由于对气候系统中的物理、化学、生物过程的不完全了解,如气候模式的不确定、温室气体排放情景的不确定与评估模型的不确定等;(3)"认知"因素:限于目前认知水平,对气候系统或气候影响的某些方面无法知道。政府间气候变化专门委员会指出,在判断气候变化某个结论的不确定性时,最重要的两个指标是:(1)支持结论的有效证据数量;(2)科学界对结论共识的程度。因此可以根据在图3中的四个象限的位置来判断其不确定性特征,即第I象限的不确定性最大,第III象限的不确定性最小,其他居中。

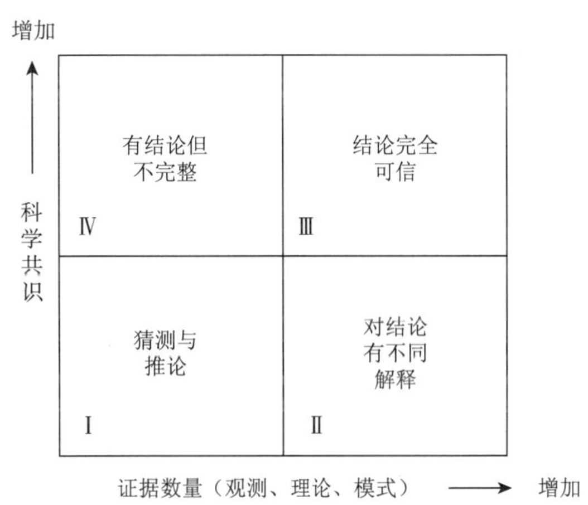

图3　不确定性分析示意图

对于《报告》中有关观测到的趋势,由于将资料误差尽可能地降到了最低,应处于图中第II象限,即结论基本正确但有不同解释。

《报告》分析研究了23个全球气候系统模式对历史和未来的全球气候变化的模拟结

果。全球气候模式在全球尺度上有一定的预估能力，但模拟气温的集合平均在华东区域存在明显的系统偏差，比观测实况偏低 1.6℃以上，个别省份偏低 2.0℃以上，部分省份预估年平均气温偏低幅度甚至超过了不确定性（一倍标准偏差）所涵盖的范围。全球气候模式预估气温集合平均的结果，应处于图中第Ⅳ象限，有结论但不完整。

在《报告》中使用区域气候模式的结果进行相关的农业和能源评估时，对相应的区域气候模式输出根据观测进行了订正，对此部分的结论应处于第 II 象限，即结论基本正确但可能有不同的解释。

《报告》对于其他领域的评估，主要基于出版文献。由于各个文献中，评估方法、资料和年代的不同，结果也有所差别，《报告》采取了大部分文献结论基本一致的结果。对此部分的评估结论，应处于第Ⅳ象限，结论可能不完整。（见《执行摘要》前言）

5　适应气候变化的政策和措施

减缓和适应是应对气候变化的两个重要方面。减缓是一项相对长期、艰巨的任务，而适应则更为现实、紧迫。华东区域在继续大力推进低碳发展、加强节能减排、实施碳汇工程等气候变化减缓工作的同时，应高度关注适应气候变化工作。具体包括强化适应气候变化机制体制建设、完善相关法律法规保障、推进适应气候变化相关科学研究和工程建设、引导公众参与、开展各领域适应气候变化的国际合作等。

《报告》提出的重点领域、行业的政策措施建议如下。

5.1　农业

加强农业气候适宜性评价，优化农业结构调整，适应气候变化。(1)开展精细化的农业气候动态区划，合理利用气候资源，改革耕作制度，调整作物布局及种植结构，适度扩大三熟制，提高复种指数；(2)引进、培育抗逆性强的作物品种，加强名、特、优品种的繁育、引种和推广，优化品种结构；(3)加大农业投入，扩大特色农业、设施农业的种植面积，大力发展绿色无公害农业；(4)加强病虫害的监测和预警，综合利用物理、生物与化学等手段防治病虫害。

加强农业基础设施建设，建立农业气象灾害防控制度和体系，提高农业防灾减灾能力。(1)加强农田水利和防灾减灾为重点的基础设施建设，增强抵御气候变化风险能力；(2)建立健全农业气象灾害监测、预警和防控体系，建立农业气象灾害早期预警系统，完善和制定防汛抗旱、抵御高温、寒潮、台风、连阴雨、雪灾等灾害的应急预案；(3)建立和完善农业领域适应气候变化的政策法规体系，加强农业气象灾害信息服务与引导，建立和完善政策性和商业性农业保险制度。

发展低碳农业，加强农田生态建设和温室气体排放管理。(1)开展农田氮过剩调查与评估，大力推进测土配方施肥，科学调配化肥和有机肥的施用比例，控制农业面源污染及化肥温室气体排放；(2)推广间歇灌溉、旱稻种植和选育新品种，减少稻田甲烷排放；(3)发展循环农业和生态农业，加强低碳循环农业综合示范区及农业生态环境监测网络工程建设，增强农田生态效益，加强农田生态效益的科学评估工作。（见《执行摘要》3.1.2）

5.2 水资源和水环境

加强节水型社会建设,推进非传统水资源开发利用。(1)提高用水效率,改善用水结构,提倡适宜当地的水利用方式;(2)开发利用非传统水资源,包括雨水、海水、污水等,大力开展空中云水资源的评估和开发利用;(3)建设跨流域调水工程,实现多流域水资源的优化配置和利用。

建立健全综合防洪抗旱体系。(1)加强水利基础设施建设,增强防洪抗旱减灾能力;(2)建立洪水、旱情等的监测、预测及预警体系,健全防洪抗旱管理机制;(3)建立气候预测、预估与水资源信息共享机制,为水资源的合理调配和布局提供技术支撑;(4)加强中小河流山洪及地质灾害监测预警体系建设。

治理水环境,保护水生态系统。(1)建立健全流域管理体制,强化综合管理和协调,加强水资源保护,减少污染物排放;(2)建立生活饮水源地水质安全应急体系,缓解水质性缺水压力;(3)建立促进"中水"回用的政策体系和价格机制。(见《执行摘要》3.2.2)

5.3 海岸带和河口

加强沿海防潮工程建设,提高港口建设设计标准。(1)提高沿海尤其是三角洲等敏感地区的海堤设计标准;(2)提高现有港口码头等建筑物设施的标高和防潮设施设计标准,降低风暴潮加剧、咸潮入侵等风险;(3)加强沿海防护林建设和保护,减少海岸冲刷。

控制地面沉降,合理利用地下水资源。(1)对地面沉降严重的地区,应对地下水开采实行有效控制和管理;(2)建立地下水开采、回灌、地面沉降监测及管理系统;(3)实现地下水开采的协调管理,优化地下水开采布局。

完善海洋灾害预警及应急服务体系。(1)建立和完善海洋灾害(如风暴潮、赤潮、绿潮等)预警、影响评估体系和应对气候变化的管理体系;(2)加强海上航运、渔业、石油开采等安全应急指挥系统建设,提高海上重大突发事件的应急处置能力。(见《执行摘要》3.3.2)

5.4 生态系统

加强湿地生态系统的治理与恢复。(1)制定和完善湿地保护法律法规,编制湿地保护规划;(2)加快滨海湿地、红树林的保护与恢复,(3)加强鄱阳湖、太湖、洪泽湖、黄河三角洲等重要湿地的生态治理与污染控制。

加强森林资源保护力度,增强森林生产力。(1)制定地方性森林保护法律法规;(2)加快森林资源培育,扩大森林蓄积量,优化林种和树种结构,增强森林生态系统的固碳能力;(3)加强森林火险、病虫害监测预警和防控体系建设。

加强生态保护工程建设和管理,建立生态监测和预警体系。(1)加强重点生态功能区保护和管理,合理增建森林生态、野生动植物、湿地和海洋等自然保护区,继续推进天然林保护、退耕还林还草,科学规划绿地、公园、防护林等人工生态系统布局;(2)建立生物多样性适应气候变化监测预警体系，开发生物多样性保护和恢复技术，构建外来物种入侵的防控体系；(3)建立健全生态状况综合监测系统，开展物候的调查、监测和分析等工作。(见《执行摘要》3.4.2)

5.5 城市可持续发展

减少气候变化对城市安全运行的不利影响。(1)充分考虑气候变化对城市安全运行的潜在影响，优化城市供电、供水、排水、交通和通讯等城市生命线系统建设与运行的安全标准；(2)建立健全室外风易损结构和高层建筑的防风工程标准和规范。(3)根据城市地形地貌特点，合理规划排水蓄水系统布局，降低城市内涝风险。

提升城市应对极端天气气候事件的应急能力。(1)成立城市综合减灾预警机构，建立多部门联动机制，形成城市多灾种早期预警体系；(2)加强气象灾害、气候变化对经济社会发展和城市安全影响的研究和预警预估。

以低碳理念指导城市(城市群)规划和交通体系建设，减缓城市碳排放，缓解城市热岛效应。(1)合理组织城市空间，以低碳理念指导城市及城市间交通体系建设，构建紧凑型城镇组团和绿色交通体系，优化空间格局，缓解城市碳排放；(2)合理规划城市功能布局、发展城市立体绿化，缓解城市热岛效应；(3)优化城市街区的形态设计，改善微气候环境，减少建筑能耗。

建立城市低碳发展和环境保护的协同机制。从城市科学规划和居民生活方式的一体化角度出发，综合考虑反应性气体、气溶胶及其相互作用对城市大气环境和人体健康的影响(专栏 4)，制定科学合理的大气环境治理方案，建立城市及其邻近区域的联防联动机制。(见《执行摘要》4.3.3)

专栏 4:城市臭氧浓度调控与绿化树种的选择

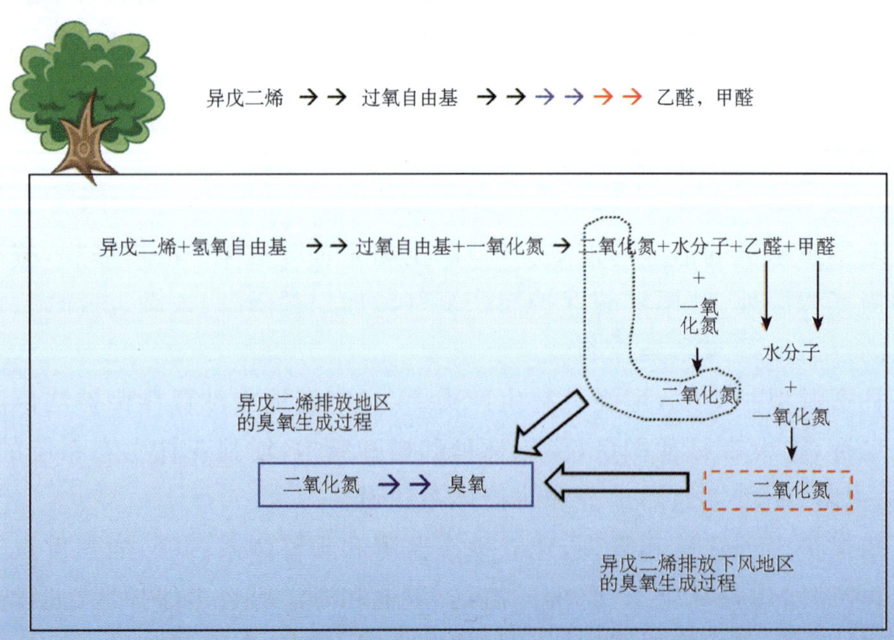

地面和飞机观测结果都表明，上海的地面臭氧形成处于挥发性有机物(VOC)控制区，降低挥发性有机物排放是目前实施臭氧调控的最有效途径。研究表明生物排放的挥发性有机物对于上海地面臭氧具有明显贡献，因此在实施城市绿化时，可考虑选择挥发性有机物排放较少的树种，通过降低生物排放减小高臭氧事件的发生风险。

5.6 能源

推进节能降耗工作，实现低碳发展。(1)积极推进绿色建筑，努力发展生态建筑，加快既有建筑的节能改造，大力推广节能门窗和墙体保温隔热等节能产品和技术；(2)加快实施节能标准，推进和落实能源价格改革措施，合理引导能源消费，提高公众的忧患意识和节约意识。

大力发展新能源及可再生能源。(1)制定适应气候变化的能源规划和产业政策，加强风险管理，完善气候资源、生物资源和可再生能源保护和开发利用的地方性法律法规；(2)加强风能、太阳能等可再生能源的开发利用，大力发展风电和光伏产业；(3)优化采暖降温方式，利用太阳能、地热等可再生能源，降低建筑物的电力及化石燃料消费需求。

倡导绿色生活方式，鼓励公众参与。通过宣传教育，使人们树立绿色能源、绿色生产、绿色产品、绿色消费、绿色住宅等新理念，城市居民在享受丰富、舒适生活的同时，尽可能实现最低程度的能源消耗。(见《执行摘要》3.5.2)

5.7 人体健康

加强气候变化对人体健康影响研究，推进卫生、气象等多部门跨领域的合作。(1)开展流行病、传染病的气候风险评估和气候区划；(2)开展气候变化对疟疾、登革热、血吸虫等疾病传播媒介的影响评估；(3)开展极端天气气候事件对心脑血管、呼吸道、消化系统等疾病的影响机理研究。

强化敏感区域的综合应对措施。(1)加强对疾病流行区与非流行区交界处的监测，预防疾病流行范围的扩大；(2)加强对脆弱区域及脆弱人群的监测，对特殊人群采取有效的保护措施。

加强疾病防控体系建设。建立健全健康气象监测、预报及预警服务体系，加强公共卫生服务与疾病控制能力建设，完善应急预案和干预措施，提高应急处置能力、医疗救治能力和防疫防病能力。(见《执行摘要》3.6.2)

华东区域
气候变化评估报告
执行摘要

前　言

1　华东区域气候、经济概况

华东区域地处北纬22.5°～38.4°、东经112.5°～122.0°，包括上海市、江苏省、浙江省、安徽省、福建省、江西省和山东省。位于季风气候区，四季分明，常年平均气温12.0～19.0℃，降水量700～1500 mm。凭借沿海、沿江的有利地理位置、优越的气候条件、较好的经济基础、众多的科技人才、较高的教育水平、国内外快速的信息传播等优势，该地区经济得到了稳定和快速的发展。

2　编写目的

《华东区域气候变化评估报告》(以下简称《报告》)的编写突出地方气候特征、地方服务重点以及全球和区域气候变化相关的重点科学问题，旨在(1)凝练华东区域的气候变化事实及其可能原因等科学研究成果；(2)为华东区域各级政府制定应对气候变化的决策提供科学依据；(3)为华东区域防灾减灾提供科学基础。

《华东区域气候变化评估报告执行摘要》(以下简称《执行摘要》)是在《报告》基础上凝练而成，摘要突出科学性和政策指导性，是专为广大公众和政府决策部门理解和应用的摘要简本，详细内容可参见《报告》全文(专栏1)。

3　资料和方法

资料：(1)1961—2007年华东区域478个气象站观测资料；(2)美国国家环境预报中心的再分析资料；(3)政府间气候变化专门委员会第四次评估报告的全球气候模式和区域气候模式预估结果；(4)其他国际交换资料。

分析方法：(1)采用最优插值方法将站点数据转化成网格数据，以减少气象站之间的权重不同和时间非均一性而引起的偏差；(2)采用观测资料减去再分析资料的方法计算了城市化和土地利用改变对气温变化的可能贡献；(3)全球气候模式预估的动力降尺度方法。

评估方法：采用文献评估和模型预估相结合的办法，其中：(1)基于区域气候模式预估结果，利用本地作物生长模型，评价未来气候变化对华东区域粮食作物的影响；(2)采用采暖度日和制冷度日指标评估气候变化对能源消费的影响；(3)其他领域采取文献评估，综合、归纳了2009年之前国内外有关华东区域气候变化科学研究的主要成果。

4　不确定性分析

气候变化研究结果的不确定性主要来自三个方面：(1)观测资料的误差，如随机误差和系统误差；(2)“模型不确定性”：其主要是由于对气候系统中的物理、化学、生物过程的不完全了解，如气候模式的不确定、温室气体排放情景的不确定和评估模型的不确定等；(3)“认知”因素：限于目前认知水平，对气候系统或气候影响的某些方面无法知道。政府间气候变化专门委员会指出，在判断气候变化某个结论的不确定性时，最重要的两个指标是：(1)支持结论的有效证据数量；(2)科学界对结论共识的程度。因此可以根据在《决策者摘要》图 3 中的四个象限的位置来判断其不确定性特征，即第Ⅰ象限的不确定性最大，第Ⅲ象限的不确定性最小，其他居中。

对于《执行摘要》中有关观测到的趋势，由于将资料误差尽可能地降到了最低，应处于图中第Ⅱ象限，即结论基本正确但有不同解释。

《执行摘要》分析研究了 21 个全球气候系统模式对未来的全球气候变化的模拟结果。全球气候模式在全球尺度上有一定的预估能力，但模拟气温的集合平均在华东区域存在明显的系统偏差，比观测实况偏低 1.6℃以上，个别省份偏低 2.0℃以上，部分省份预估年平均气温偏低幅度甚至超过了不确定性（一倍标准偏差）所涵盖的范围。全球气候模式预估气温集合平均的结果，应处于图中第Ⅳ象限，有结论但不完整。

在《执行摘要》中使用区域气候模式的结果进行相关的农业和能源评估时，对相应的区域气候模式输出根据观测进行了订正，对此部分的结论应处于第Ⅱ象限，即结论基本正确但可能有不同的解释。

《执行摘要》对于其他领域的评估，主要基于出版文献。由于各个文献中，评估方法、资料和年代的不同，结果也有所差别，《执行摘要》采取了大部分文献结论基本一致的结果。对此部分的评估结论，应处于第Ⅳ象限，结论可能不完整。

专栏 1：《华东区域气候变化评估报告》篇章结构

第一编　基本事实

第 1 章　绪论
第 2 章　华东区域气候变化研究概述
第 3 章　华东区域基本气候要素气候变化事实分析
第 4 章　华东区域高影响天气、气候变化事实分析
第 5 章　华东区域气候变化的一致性和局地性
第 6 章　华东区域下垫面改变对气温的影响
第 7 章　全球模式对华东区域气候变化预估的不确定性分析
第 8 章　华东区域气候变化趋势预估
第 9 章　结论与展望
附　录　资料和分析方法

第二编　影响与适应

第 10 章　华东区域气候变化影响综合评估
第 11 章　气候变化对华东区域农业的影响
第 12 章　气候变化对华东区域能源消费的影响
第 13 章　气候变化对华东区域水资源的影响
第 14 章　气候变化对华东区域海岸带的影响
第 15 章　气候变化对华东区域人体健康的影响
第 16 章　气候变化对华东区域自然生态系统的影响

第三编　分省报告

第 17 章　气候变化对上海市的影响
第 18 章　气候变化对江苏省的影响
第 19 章　气候变化对浙江省的影响
第 20 章　气候变化对安徽省的影响
第 21 章　气候变化对福建省的影响
第 22 章　气候变化对江西省的影响
第 23 章　气候变化对山东省的影响

第1章　华东区域气候变化基本事实

1.1　气温

1.1.1　近100年气温变化趋势

华东区域是我国具有百年观测资料最多的地区之一，共有上海徐家汇站、江苏南京站、山东济南站和青岛站、江西九江站、福建福州站和厦门站7个百年以上气象观测站(图1.1)。

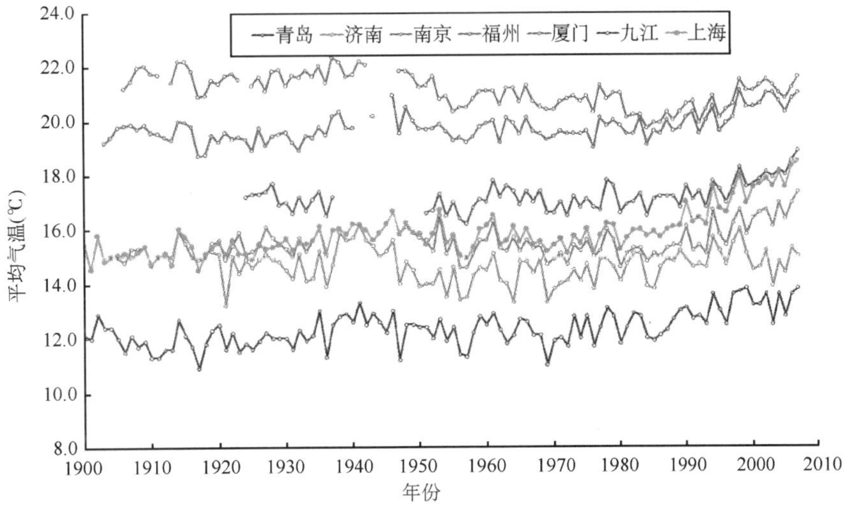

图1.1　1873—2007年华东区域7个百年以上气象观测站的年平均气温

上海徐家汇气象观测站是我国有最长连续观测资料的气象站之一。135年来上海年平均气温的升温率为1.43℃/100年，显著高于全球平均气温升温率的0.74℃/100年。华东其余百年气象观测站观测气温百年来变化趋势并不一致，青岛呈现显著升温趋势(1.01℃/100年)；福州、济南气温变化不大；而厦门有降温趋势。相对于各站的总体变化趋势，气温变化基本上都经历了“暖—冷—暖”三个时段：1930—1940年代及21世纪初为两个“暖”的时段，而1970年代前后则为“冷”时段。

1.1.2　近50年气温变化趋势

1951—2007年，华东区域年平均气温升温速率约为0.14℃/10年(图1.2)，低于全国同期平均升温速率(0.22℃/10年)，但高于全球近百年平均升温速率(0.07℃/10年)，略高于全球近50年升温速率(0.13℃/10年)。华东区域年平均气温升温率也呈现一定的地区差异(图1.3)：北部高于南部，主要大城市高于中小城市，尤其是长三角地区16个大中型城市均表现为热中心，且以上海、杭州为转折点，贯穿南京、常州、无锡、苏州、嘉兴、绍兴、宁波等地，呈现“Z”字形的热岛分布格局。

1.1.3　高温热浪

1961—2007年，长江三角洲及浙江、福建大部分地区高温日数呈现增多趋势，而江苏北部及山东、安徽、江西大部地区高温日数则有下降趋势。华东区域高温热浪(日最高气温大于35℃，最低气温大于25℃，持续时间多于三天的连续高温)发生最频繁的区域(>80次)为江西和浙江大部，及安徽部分地区。长三角地区、浙江中东部、福建和江西部分地区增加最为明显，山东、安徽北部、江苏北部和江西西南部则有减少趋势(图 1.4)。高温(35℃以上)与酷暑(38℃以上)日数比在 1970 年代中期发生转折;1970 年代中期之前以高温日数居多,1970 年代中期以后酷暑日数比例上升。

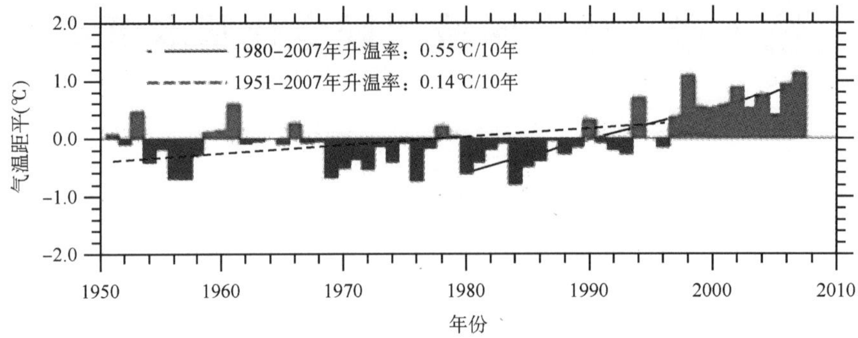

图 1.2 华东区域 1951—2007 年年平均气温距平

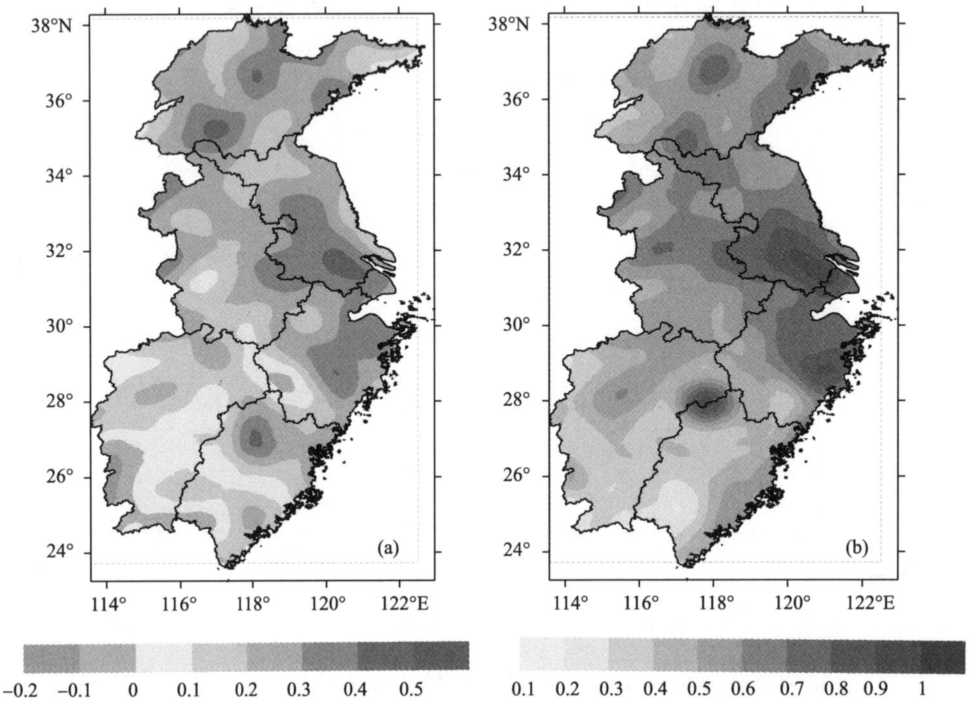

图 1.3 华东区域 1961—2007 年(a)、1980—2007 年(b)平均气温变化趋势(℃/10a)

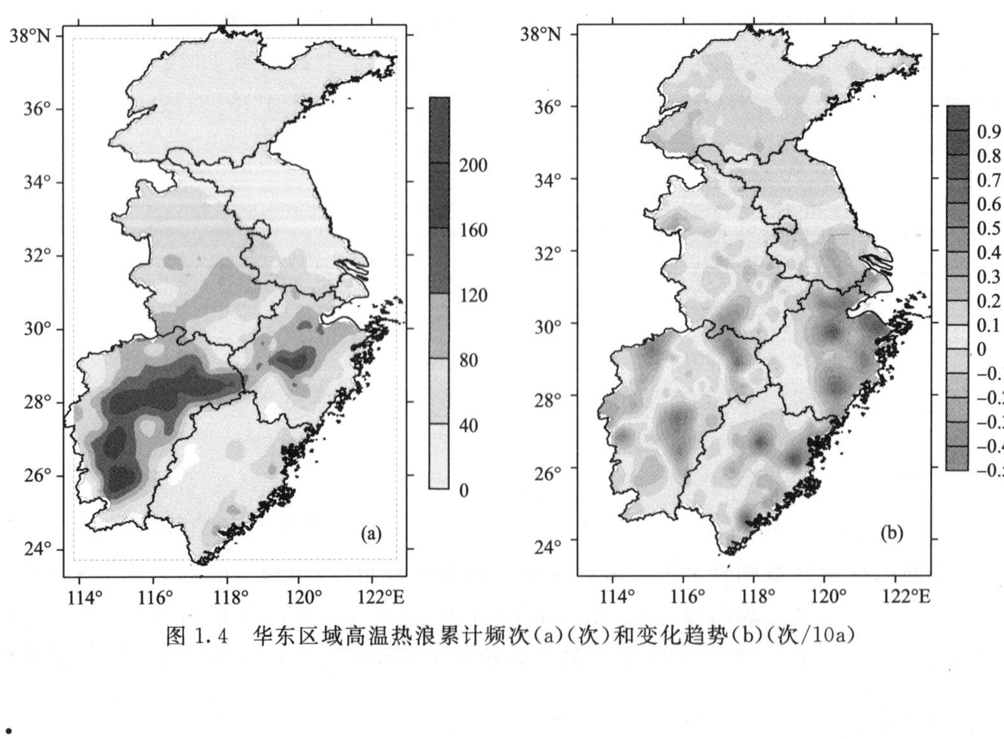

图 1.4 华东区域高温热浪累计频次(a)(次)和变化趋势(b)(次/10a)

1961—2007 年，华东区域主要大城市站温度露点差逐步扩大，表明地表感热通量增加而潜热通量减少，这与城市化进程中大量不透水硬地代替自然植被，导致蒸发量减少相一致(专栏 2)。局地气候有“暖干化”趋势。

专栏 2：华东区域下垫面改变对气温的影响(引自《报告》第 6 章)

土地利用以及下垫面的改变可以引起地表热通量的改变，从而对局地气温变化产生影响。《报告》利用观测减去再分析(Observation Minus Reanalysis, OMR)和城乡差异(Urban Minus Rural, UMR)方法来估算华东地区城市化等土地利用变化对气温的影响。分析结果表明，这两种方法的结果相当一致，都表明改革开放以来华东地区的城市化对观测气温的变化产生重要影响，尤以长三角城市群最为显著。华东地区城市化对于 1981—2007 年区域平均变暖幅度的总体贡献约为四分之一，其中特大城市站城市热岛效应对增暖的贡献超过 44%，即使是农村站也监测到一些城市热岛效应的影响。进入 21 世纪以来的快速城市化进程使得观测气温与再分析气温的差值进一步加大，这一时期城市热岛效应的对华东地区近 27 年观测气温变化的空间分布型态影响非常显著。以上分析结果说明大规模的下垫面状况改变是造成近年来华东区域局地气温升高的重要因素之一。就增温幅度而言，下垫面改变导致的局地气温增加在长江三角洲城市群以及其他大中型城市可能要高于全球变暖的作用，其中，上海中心城区增温的三分之二左右很可能来自于下垫面的改变。

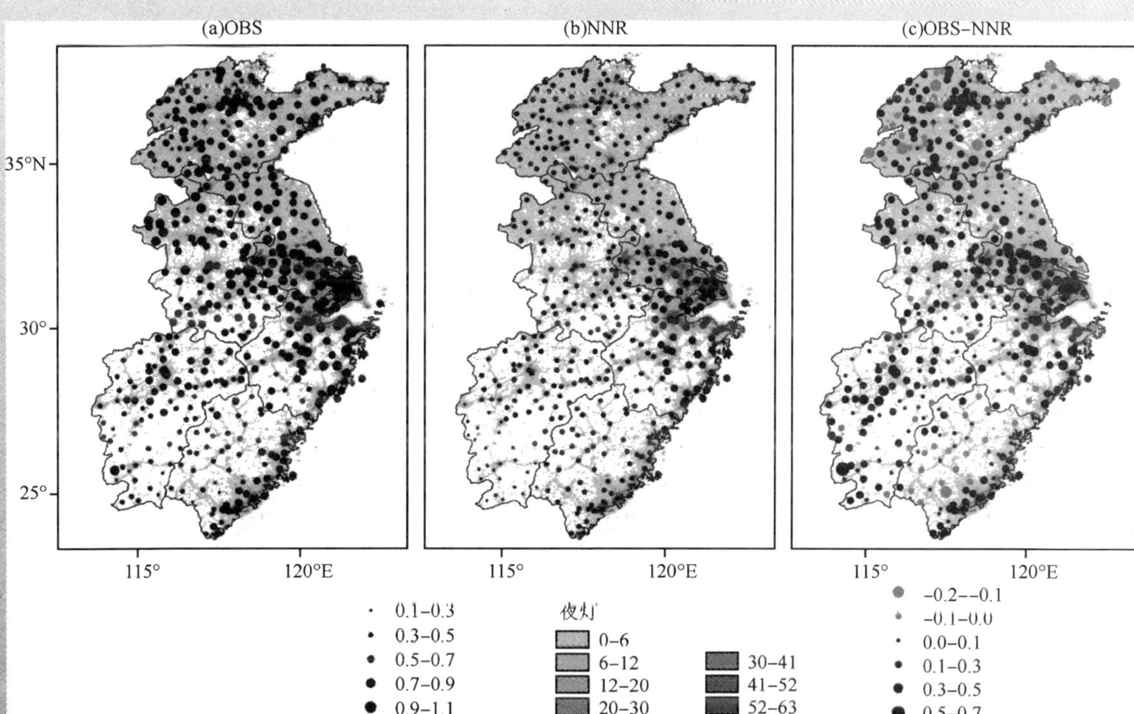

1981—2007 年华东地区(a)站点观测气温趋势(℃/10a)，(b)NNR 再分析气温趋势(℃/10a)，(c)OMR 气温趋势以及 2007 年的 DMSP/OLS 夜间灯光(℃/10a)

1.2　降水

1.2.1　近 50 年降水量变化趋势

1951—2006 年和 1980—2006 年两个时段，华东区域年降水量都没有明显的变化趋势(趋势值分别为：0.7%/10 年和 1%/10 年)(图 1.5)。但各地降水量变化趋势有所不同，1951—2006 年期间，年降水量变化趋势以东部减少，西部增加为主；而 1980—2006 年期间，年降水量变化趋势为中部减少、南北部增加（图 1.6）。

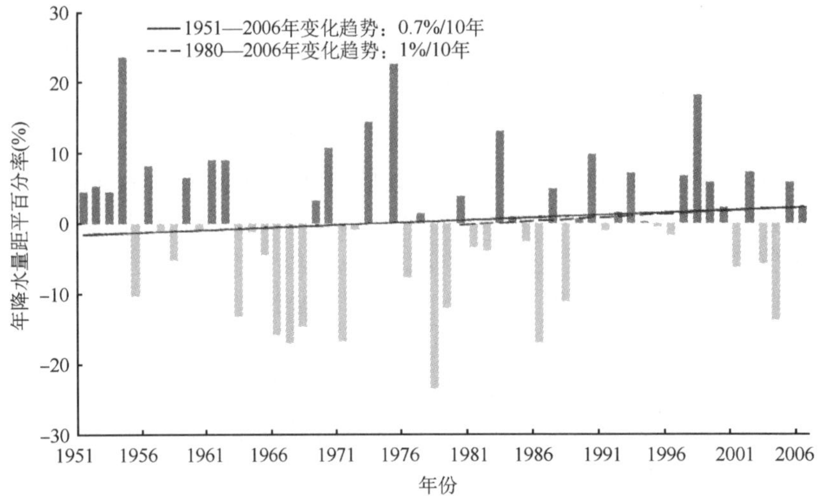

图 1.5 华东区域 1951—2006 年年降水量距平百分率

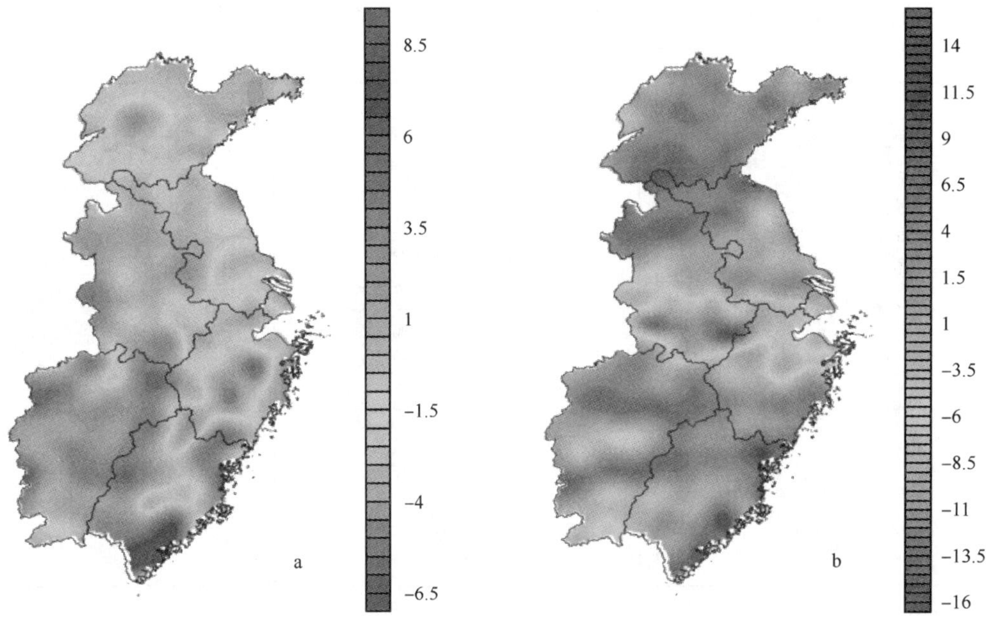

图 1.6 华东年降水量变化趋势(a)1951—2006 年降水变化率；(b)1980—2006 年降水变化率(单位：mm/10 年)

1.2.2 年降水日数和年日降水量的变化趋势

计算华东区域 477 个测站，1961—2007 年的年降水量和降水日数的均值和 5 个统计特征量：最大值、最小值、中位数、第一和第三四分位数，并以箱线图表示（图 1.7）。方框上下两边分别表示第一(25％)和第三(75％)四分位数，中部横线表示中位数(50％)；方框上下两侧的虚线顶端分别代表最大和最小值，方框的长度代表四分位距的大小，即 50％观测值分布的范围。

测站间的降水量和降水日数差异十分明显（图 1.7）。对于正态分布而言，均值与中位数是基本重合的，华东区域 477 站年降水量分布年际差异十分明显，从区域范围来说，年降水量的变化不大。相对而言，年降水日数的最大值明显减少，说明区域内的降水强度有所增强。

1.2.3 不同级别降水

华东区域不同量级降水总量和总日数总体变化的空间分布特征见表 1.1。除江苏外，华东大部地区的年小雨总量及总日数减少。年中雨总量和总日数在江淮地区减少，华东南部和北部则相反。年大雨总量和总日数变化趋势为南北反相型，长江以南地区以增加为主，长江以北地区以减少为主。年内暴雨以上量级的降水总量和总日数的变化趋势具有较强的局地性，这与暴雨的局地性是一致的。除北部外，华东大部地区年内暴雨量级的降水总量和总日数增加，其中以江南最为明显；而年内大暴雨总量和总日数的变化趋势的局地性更为显著，山东、安徽北部和江苏北部以减少趋势为主，浙江以增加趋势为主；由于特大暴雨的出现样本较少，其趋势变化的可靠性值得进一步研究。

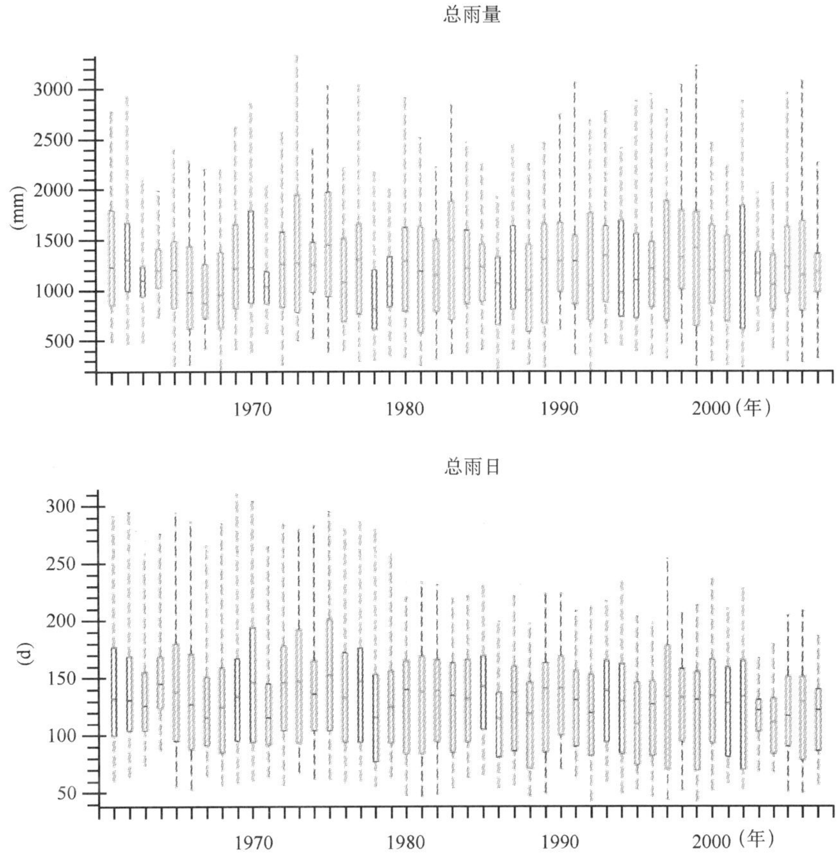

图 1.7 1961—2007 年降水日数和年日降水量分布

表 1.1 华东区域年内不同量级降水总量和总日数的变化特征

降水量级	不同量级降水总量变化特征	不同量级降水总日数变化特征
小雨(0.1—9.9 mm)	全区大部减少	全区一致减少
中雨(10.0—24.9 mm)	中部增加而南北部减少	中部增加而南北部减少
大雨(25.0—49.9 mm)	南部增加而北部减少	南部增加而北部减少
暴雨(50.0—99.9 mm)	大部一致增加	大部一致增加
大暴雨(100.0—250.0 mm)	西南部增加而东北部减少	西南部增加而东北部减少
特大暴雨(>250.0 mm)	大部一致减少	大部一致减少

1.2.4 梅雨

综合分析长江中下游 1961—2007 年梅雨特征量的逐年演变发现，入、出梅时间、梅雨量、梅雨强度的线性变化趋势非常小，表明各特征量没有明显的变化趋势。

1.3 热带气旋

在热带洋面上生成发展的低气压系统称为热带气旋，国际上以其中心附近的最大风力将其分为热带低压(10.8～17.1 m/s)、热带风暴(17.2～24.4 m/s)、强热带风暴(24.5～32.6 m/s)、台风(32.7～41.4 m/s)、强台风(41.5～50.9 m/s)和超强台风(>51.0 m/s)。对华东区域造成影响的热带气旋不仅是登陆气旋,还有近海活动的热带气旋和登陆华东以外地区的热带气旋。

1.3.1 热带气旋频数

登陆我国东部地区的热带气旋频数变化不明显;首次登陆地点的最北位置南移,登陆范围向23°～35°N区间汇聚,在35°N以北和23°N以南呈减少趋势;此外,登陆我国热带气旋季节延续期缩短了近1个月;热带气旋年平均登陆强度也有所变化(杨玉华等,2009)。

在影响华东区域的400个热带气旋中,直接登陆华东区域的有93个,登陆华东以外地区的174个,近海影响的133个。近半数的影响来自登陆华东以外地区的热带气旋,约1/3的影响来自近海,而直接登陆华东区域热带气旋的影响仅占不到1/4。

1.3.2 热带气旋的大风和降水

热带气旋登陆或影响时刻的强度可以从最大持续风速(2分钟平均)和最大阵风风速(瞬时)的观测得到。从每个热带气旋过程影响华东区域所造成的最大持续风速(图1.8a)和阵风风速(图1.8b)来看,过程最大持续风速的极大值、第2大值和中位数均有所下降,但统计检验表明,只有中位数和极大值的下降趋势显著(统计信度均达95%)。过程最大阵风风速最明显的变化趋势表现在极大值上,但其达不到95%的统计信度。总的来说,热带气旋影响华东区域时的极端强度和平均强度均有显著减弱趋势。

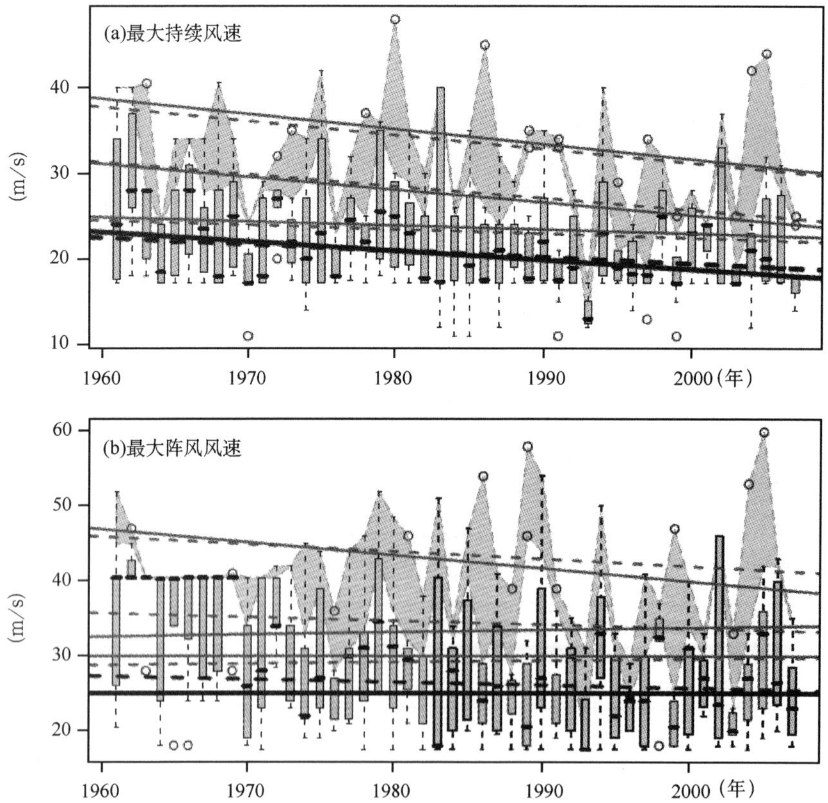

图1.8 1961—2007年热带气旋影响华东区域所导致的过程最大持续风速(a)和过程最大阵风风速(b)的变化趋势(单位:m/s)。其中逐年各热带气旋的过程最大持续风速或阵风风速由箱线图表示,极值和第二大值之间以灰色阴影表示,自上而下的横线,虚线为最小二乘回归拟合的历年极值、第二、三大值和均值的趋势,实线为的历年极值、第二、三大值和中位数的QR拟合趋势。

热带气旋影响华东区域所造成的区域过程降水总量,代表热带气旋对华东区域的影响。其年度极大值和平均(中位数和均值)特征表明(图1.9a),最大过程降水区域总量的极大值有显著的线性趋势

(信度达 95%以上),但这主要是受 2006 年极端降水量影响的结果,相应的中位数拟合趋势虽有上升但不显著(未达 95%的统计信度)。

区域性 1 小时最大单站降水量(图 1.9b)的极大值也受到 2006 年极端值的影响,线性回归趋势略有上升,分位数回归的趋势略有下降;但两者均未达到 95%的统计信度。区域最大的单站过程降水量(图 1.9c)极大值和第 2 大值均有显著的增加趋势(统计信度达 95%),而其他特征量则没有显著的变化。

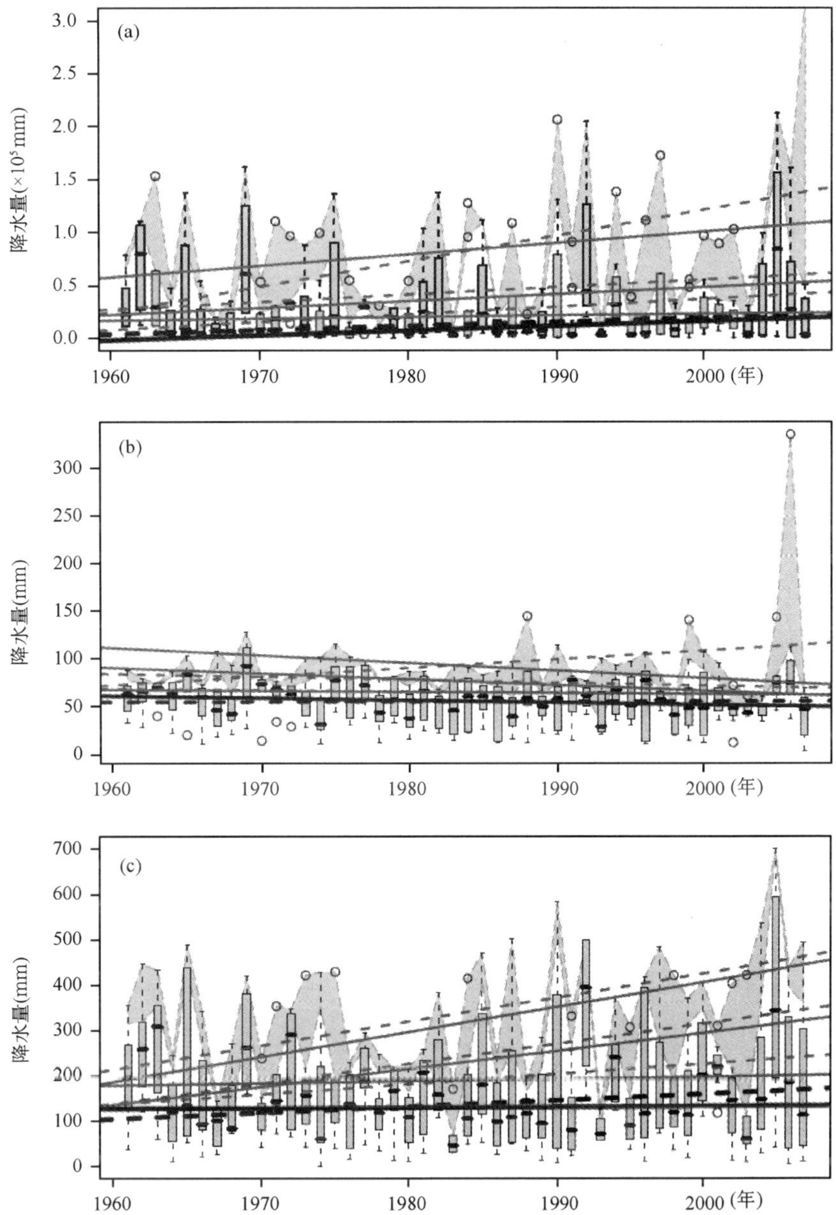

图 1.9　1961—2007 年热带气旋影响华东区域所导致的(a)最大过程降水区域总量,(b)最大 1 小时降水量,和(c)单站最大过程降水量。

1.3.3　活动区域的变化

总体而言,影响华东区域的热带气旋在华东南部地区的活动有显著增强,除此之外,在南海东北部和台湾东南海域等地区的活动也有显著增强。

登陆华东区域的热带气旋在我国大陆和近海的活动基本没有发生显著改变,登陆华东以外地区但对华东造成显著影响的热带气旋与之相似。华东南部地区显著增加的趋势有可能来自两类热带气旋频次分布叠加的结果。

近海影响华东区域的热带气旋在粤闽交界区邻近海域的活动明显增强,而在华东中部沿海和海南东南海域的活动明显减弱，这说明近海影响的热带气旋活动有向着粤闽交界区邻近海域汇集的趋势。

1.3.4 影响季节和日数

热带气旋影响初日和终日中位数趋势一致显著推迟(统计信度达95%以上)，表明热带气旋影响华东区域的季节显著推迟。而热带气旋的实际年影响日数，无论是均值趋势和中位数趋势均无显著变化；影响的持续日数和间歇日数也没有显著的变化。

1.4 雾和霾

大气中因悬浮的水汽凝结，能见度低于1000米的天气现象称为雾。霾是指悬浮在空中肉眼无法分辨的大量微粒，能见度低于10000米。

1.4.1 华东雾的时空变化特征

1961—2007年期间，华东区域的雾以1985年最多(15894站·次)，2005年最少(8028站·次)。过去47年间，华东雾频次在1961—1980年期间，以2023站·次/10年的趋势增加($r^2=0.47$)，而在1981—2007年期间，以1857站·次/10年的趋势减少($r^2=0.59$)。

1961—2007年期间，华东雾日数在北部地区，包括山东、江苏北部和西部以及安徽北部多数增加，但在南部的福建基本都为减少。1961—1980年期间，雾日数除在华东南部和西部个别地区略有减少(多数都<10天/10年)外，在华东多数地区都呈增加趋势，其中在华东中部的江苏和浙江增加较多；而在1981—2007年期间，雾日数除在山东北部和西部、安徽西北部、江西东南部等略有增加(<10天/10年)外，在华东多数地区都有所减少(图1.10)。

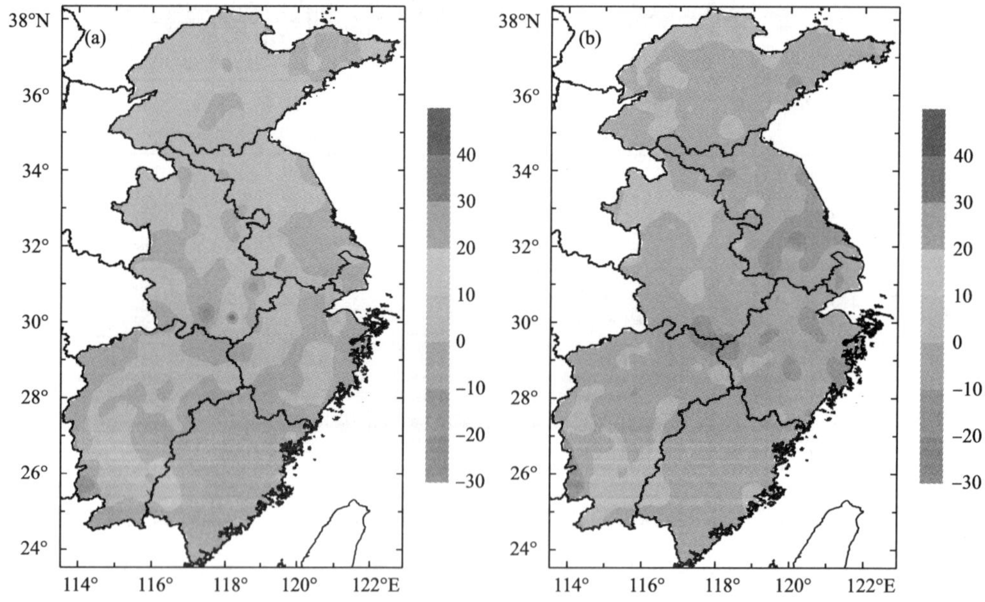

图1.10 华东雾日数的空间变化趋势(单位：天/10年；(a)1961—2007；(b)1981—2007)

1.4.2 华东霾的时空变化特征

1961—2000年期间，霾频次以1139站·次/10年的趋势较平稳增加($r^2=0.89$)，而在2001—2007年期间，霾频次急剧增加(图1.11)。

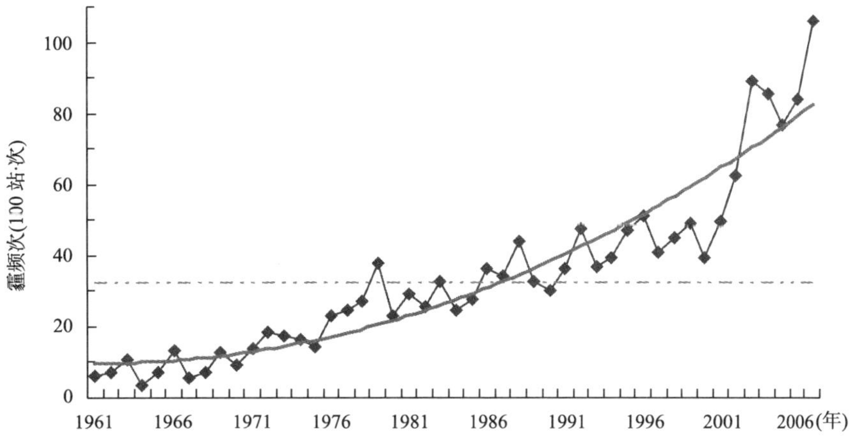

图1.11 华东霾频次的年际分布及变化

1.5 气溶胶、对流层臭氧和总辐射

1.5.1 气溶胶光学厚度

1980—2001年，华东区域气溶胶光学厚度(500纳米)平均值为0.145，呈现轻微的上升趋势(0.028/10年，统计信度达95%以上)，相对于平均值的年增长率为1.96%。1992和2001两年最高，分别达到0.218和0.222，1984年前后为次高峰，具有显著的年变化，不同年份的年变化具有明显的差异，各年的月平均最低值变化较小，在0.05上下，月平均最大值差异从0.191(1987年)到0.514(1982年)。

从2000—2010年，华东区域气溶胶光学厚度(550纳米)的平均值为0.540，呈现震荡的变化趋势，分别在2002年(0.554)和2007年(0.608)出现峰值。

1.5.2 对流层臭氧总量

1979—2009年，华东区域对流层臭氧平均值为36.3多布森单位，整体变化趋势不显著。1979—1992年没有明显的年变化，对流层臭氧总量在32.3～36.9多布森单位之间，但是1998年以后出现比较明显的年际振荡特征，其中1998—2002年显著下降，从1998年的38.6降至2002年的32.7，之后迅速回升，于2008年达到39.9多布森单位。

1.5.3 总辐射

1961—2008年，华东区域总辐射呈现减少趋势，其中1990年前呈现出显著的下降趋势，1990 1995年呈现快速增加趋势，1995—2000年再次呈下降趋势，2000年后在平均线上下波动略有增加。

第2章　华东区域气候变化趋势预估

2.1　IPCC AR4 模式对华东区域模拟性能的分析

目前全球气候模式(专栏3)是进行气候变化预估的主要手段。由于 IPCC AR4 中的全球气候模式在各类排放情景下前30年以内的预估结果差别不大(Cox,2007;Solomon 等,2007),本节使用 IPCC AR4 所提供的全球气候模式在 A1B 情景下的预估结果与华东观测资料(温度和降水)作比较,其模拟能力可用均方根误差来描述。此处所用的观测资料为等面积正方形网格(5 km×5 km)上的月平均气温和降水格点资料;所有模式预估结果也插值到相同分辨率的网格点上,分析时段为2001—2007年。

专栏3:排放情景和气候模式说明

1. 排放情景

为了预估未来全球和区域气候变化,必须事先提供未来温室气体和硫酸盐气溶胶排放的情况,即所谓的排放情景。排放情景通常是根据一系列因子(包括人口增长、经济发展、技术进步、环境变化、全球化、公平原则等)假设得到的。对应于未来可能出现的不同社会经济发展状况,通常要制作不同的排放情景,其中 A1B 代表中等排放情景。

2. 气候模式

气候模式是根据基本的物理定律,来确定气候系统中各个分量的演变特征的数学方程组,并将上述方程组在计算机上实现程序化后,就构成了气候模式。气候模式可以用来描述气候系统、系统内部各个组成部分及各个部分之间、各个部分内部子系统间复杂的相互作用,已经成为认识气候系统行为和预估未来气候变化的定量化研究工具。

均方根误差定义为 $R=\sqrt{\frac{1}{n}\sum_{i=1}^{n}(X_{sim,i}-X_{obs,i})}$,其中 R 是格点的均方根误差,$X_{sim,i}$ 是该格点第 i 年的年平均模拟值,$X_{obs,i}$ 是对应的观测值。

A1B 情景下,21个气候模式模拟的2001—2007年华东年平均气温与观测年均气温之间的均方根误差范围比较大(图2.1a),说明各模式对华东区域年平均气温的模拟差异比较大。模拟性能最好的前6个模式依次是 MIROC3.2－HI(1.66℃),MPIM－ECHAM5(2.0℃),IAP－FGOALS(2.12℃),GISS－EH(2.13℃),MRI－CGCM2.3.2(2.17℃),NCAR_CCSM3(2.18℃)。

21个气候模式模拟2001—2007年华东年降水的均方根误差范围区间在250～350 mm之间(图2.1b),模拟性能最好的前6个模式依次是 GISS－AOM(251.2 mm),CNRM－CM3(256.0 mm),MIUB－ECHO－G(264.9 mm),NCAR－CCSM3(272.2 mm),CCCMA－CG CM－3.1(T47)(272.4 mm),MRI－CGCM2.3.2(274.0 mm)。

综合考虑年平均气温和年降水两个因素,只有 NCAR－CCSM3 和 MRI－CGCM2.3.2 两个模式模拟效果均在两个要素中排名靠前,而 NCAR－CCSM3 高时间分辨率的资料更易于获得。本章利用 NCAR-CCSM3 全球模式的预估资料驱动 RegCM3,进行未来三种情景下的气候预估。其中 A1B 情景积分30年(2010至2039年),A2和B1情景均积分20年(2010至2029年)。

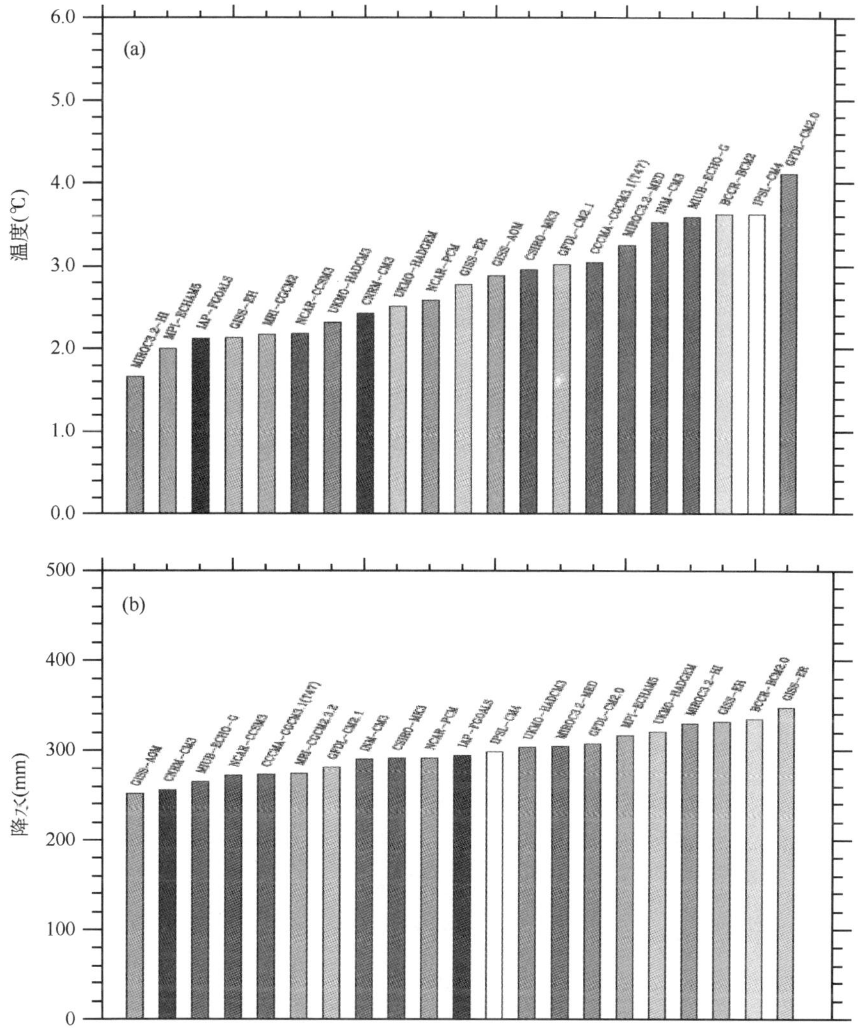

图 2.1　在 A1B 情景下，21 个气候模式模拟华东年平均气温(a)和年降水(b)的均方根误差

2.2　气温预估

2.2.1　华东区域年平均气温的空间分布

A1B 情景下华东区域多年年平均气温(图 2.2)由北向南递增。春季、秋季、冬季和年平均气温分布类似，也是由北向南递增，而夏季则华东中部和南部气温接近，高于华东北部。区域模式预估的 A2 情景和 B1 情景下多年平均气温分布与 A1B 情景相似(图略)，即春季、秋季、冬季和年平均气温由北向南递增，而夏季则是华东中、南部气温接近，高于华东北部。

2.2.2　华东区域年平均气温的变化趋势

综合三种情景华东区域气温变化趋势(图 2.3)，2011—2039 年年平均气温低排放(B1)情景升温趋势最大(0.5℃/10 年)，中等排放(A1B)情景次之(0.38℃/10 年)，高排放(A2)情景升温趋势最小(0.26℃/10 年)。各个季节差异较大，A2 情景下的夏季甚至出现了降温的现象。B1 情景下华东南部年平均气温增温趋势大于华东北部；A1B 情景则是华东北部年平均气温升温趋势明显高于华东中南部；而 A2 情景年平均气温华东南部和北部增温趋势则基本一致，数值均比较小。

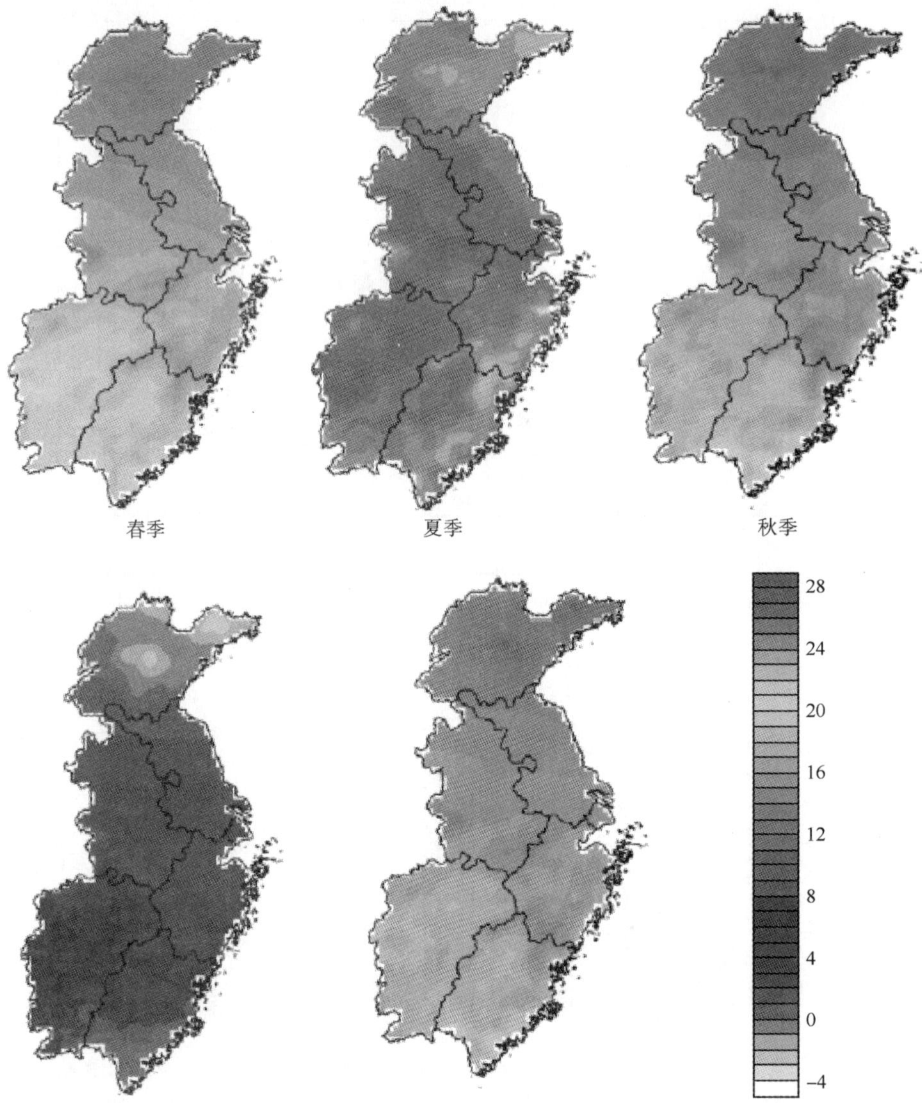

图 2.2　A1B 情景下，区域气候模式 RegCM3 预估的华东区域 2010—2039 年间年平均气温分布（单位：℃）

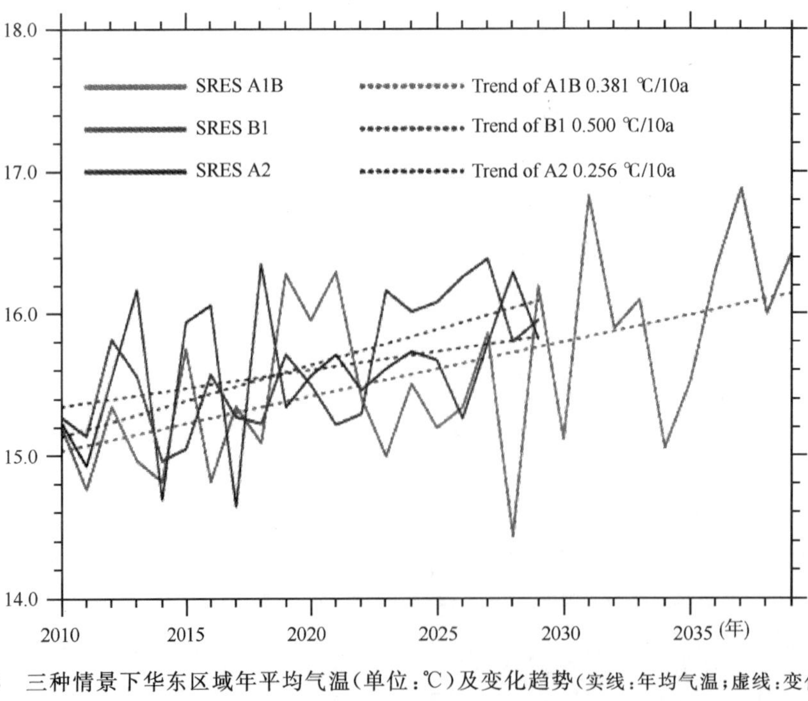

图 2.3　三种情景下华东区域年平均气温（单位：℃）及变化趋势（实线：年均气温；虚线：变化趋势）

2.3 降水预估

2.3.1 华东区域降水量的空间分布

A1B 情景下，区域气候模式预估的多年平均年降水量在华东区域呈现由北到南“少—多—少”的分布(图 2.4)，主雨带位于长江中下游地区。年降水量在山东北部和福建西部最少，为 700 mm 左右；在长江中下游地区最多，达 1500 mm。跟 2001—2007 年的观测降水量相比，福建降水预估偏少，长江中下游降水偏多。而多年平均年降水量春季主雨带位于长江中游；夏季雨带位于长江中下游和山东、江苏沿海；秋冬季则是由北到南降水递增。总体上区域气候模式预估的降水分布型态是合理的。

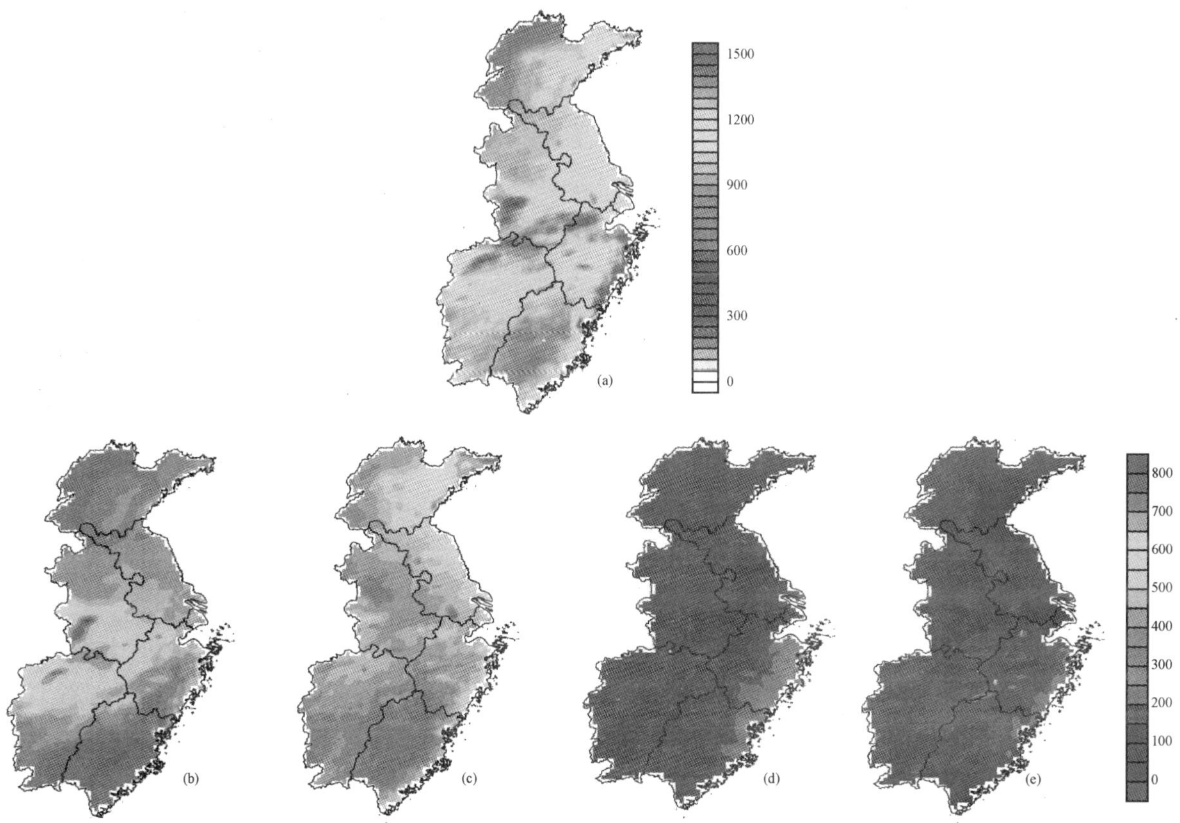

图 2.4 A1B 情景下，区域气候模式预估的多年平均年降水量(a)和 4 个季节降水量(b)春季；(c)夏季；(d)秋季；(e)冬季)(单位：mm)

区域气候模式预估的 A2 情景和 B1 情景的降水分布型态基本合理。全球模式预估的年降水分布比较平缓，不能表现出观测降水的细致结构。而区域模式则能给出降水分布的细致结构，与观测更为接近，很好地弥补了全球模式的不足。

2.3.2 华东区域年降水量的变化趋势

B1 情景下，华东区域年降水量呈下降趋势，下降率为 2.91 mm/a。多年平均年降水量在华东北部和长三角一带增加，其中在山东中西部降水增加趋势最大；中南大部地区减少，在江西中北部、福建北部、浙江西部和安徽东南部一带降水减少最为明显。春季呈现出华东中北部增加、南部减少的趋势；夏季则是北部增加、中部减少、东南部增加的趋势；秋季降水无大变化，只是在东南沿海略有减少趋势；冬季则是整个区域降水均为减少趋势，尤以江西、浙江大部、安徽大部减少最为明显。

A1B 情景下，华东区域年降水量呈下降趋势，下降率为 4.29 mm/a，但是后 2030—2039 年出现了较大的变化。多年平均年降水量除山东北部为增加趋势外，其余地区均为减少趋势。四个季节分布则是春夏季部分地区降水有增加趋势，秋冬季均表现为一致性的减少趋势。春季呈现出北部和南部增加、中部减少的趋势；夏季除山东北部略有增加外，其余地区均为减少趋势；秋季江苏和上海及浙江北部略有减少的趋势，其余地区无变化；冬季则是华东北部无变化，华东南部为减少的趋势，尤以东南沿海减少最为明显。

A2 情景下，华东区域年降水量呈上升趋势，增加率为 2.76 mm/a。多年平均年降水量刚好和 A1B 情景相反，表现为除淮河流域和江西西部减少外，其余地区均为增加趋势，尤以华东北部、南部及东南沿海趋势最为明显。四个季节变化则呈现出春夏降水变化趋势较为明显、秋冬降水变化不明显的特点。春季呈现出华东北部和南部降水增加，华东中部淮河地区降水减少的分布；夏季降水变化趋势分布与年降水量分布基本一致，即淮河流域和江西西部降水减少，其余地区降水为增加趋势；跟前两个情景类似，秋季降水无明显变化趋势；冬季降水则是华东南部略有增加、安徽中部和山东西南部略有减少，其余地区无变化。

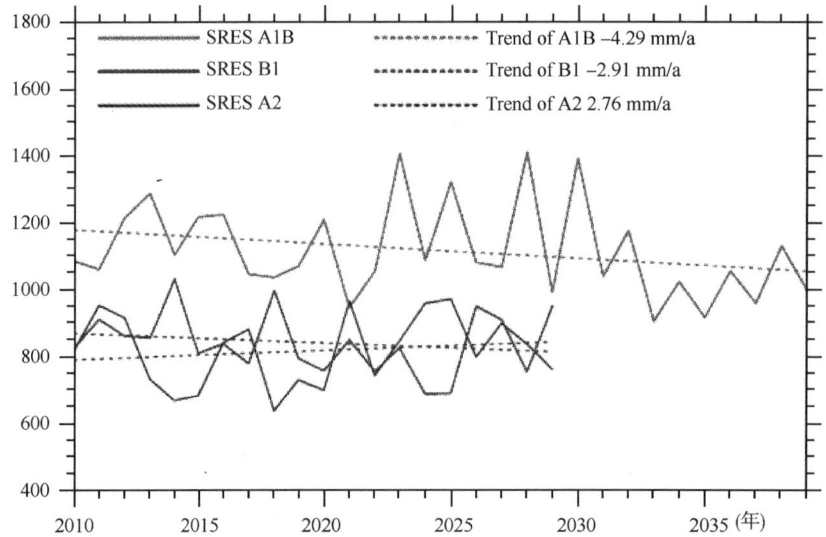

图 2.5 三种情景下华东区域多年平均年降水量(单位：mm)及变化趋势

(实线：年降水量；虚线：变化趋势)

第3章 气候变化对华东区域有关领域的影响

3.1 气候变化对华东区域农业的影响及对策建议

3.1.1 气候变化对华东区域农业的影响

(1)已观测到的气候变化对农业的影响

对华东区域热量资源的影响:近50年来,华东区域日平均气温稳定通过0℃(>0℃,下同)初日呈提前趋势,终日呈推迟的变化趋势,初终日期间持续日数呈增多的趋势,有效积温呈增多的趋势。21世纪初(2001—2007年,下同)与20世纪60年代(1961—1970年,下同)>0℃初日相比提前了9～17天,终日推后了0～6天,有效积温增加了260～620℃·日。其中以长三角更为明显,福建大部、江西南部和浙江东南部等提前量相对少些(李军等,2008)。

华东日平均气温≥10℃初日随气候变暖提前,终日随气候变暖推迟,初终日期间的持续日数增加。以21世纪初(2001—2007年,下同)与20世纪60年代(1961—1970年,下同)相比,日平均气温≥10℃初日提前了5～21天,终日推迟了约1个星期,初终日期间的持续日数增加了4～25天。华东区域≥10℃初日、终日、日数及有效积温均分别有不同程度的提前、推迟、增加及增多,气候变暖对华东区域作物热量有着积极的影响。

对华东区域种植制度和复种指数的影响:气候变暖将使长江以北地区,特别是中纬度和高原地区的适宜生长季开始日期提早、终止日期延后,农业生产潜在的生长季有所延长。使作物种植带北移,二熟制,三熟制的面积扩大。气候变暖使我国的一年一熟制大约可向北推移200～300千米,一年二熟制和一年三熟制的北界也将向北推移500千米左右(张厚瑄,2000)。

对华东区域复种指数的影响:20世纪70年代以来安徽省和山东省的复种指数呈稳步增加;福建省复种指数1975—1985年、1999—2004年处于下降阶段,1971—1975年、1985—1999年处于上升阶段;江西省1971—1988年、1996—2003年处于下降阶段,1988—1995年处于上升阶段,2004年有所回升;浙江省1971—1998年基本上处于缓慢下降过程中,1999年开始急剧下降,2003年开始趋于稳定;江苏省复种指数1971—1995年处于波动阶段,1996年有所下降,1997—2004年处于稳定阶段;上海市1971—2000年复种指数逐步下降,在2001年急剧下降,2002年开始稳中有升。

对华东区域粮食作物病虫害的影响:华东区域的农业病虫害以4病3虫为主,即纹枯病、稻瘟病、白叶枯病和赤霉病,稻飞虱、稻纵卷叶螟和螟虫。气候变化对这些农作物病虫害的发生和流行均有比较明显的影响。由于气温升高特别是冬季气温增加使目前大多数农作物的病虫害有发展趋势。温室效应还使害虫的繁殖代数增加,一年中危害时间延长,作物受害可能加重(叶彩玲等,2001)。

气象灾害对华东区域农业的影响:越冬期的低温冻害是影响长江中下游地区越冬作物和亚热带经济林果高产稳产的突出问题。负积温(<0℃)−90～−50℃是作物和亚热带林果开始冻害或极端最低气温,−8℃是引起长江中下游地区越冬作物和亚热带经济林果发生严重冻害的指标。高温干旱灾害也会严重影响农作物产量,如1994年我国南方大部分地区在早稻和中稻的抽穗期均遇到历史以来连续35℃以上的高温干旱,致使秕谷率比常年增加8%,千粒重比常年降低0.25g(早稻),造成严重减产(王春乙等,2007)。

(2)未来气候变化对华东区域农业的可能影响

对主要农作物产量的可能影响:从模拟出气候变化对华东区域两种主要作物小麦和水稻的影响(图3.1)可以看出,在A1B情景下,华东区域2030年代的小麦单产变化不大,主要在−5%～5%之间,但大多区域还是显示略微增产的态势;水稻单产大多呈减小的态势,减产幅度主要在5%～25%之间。

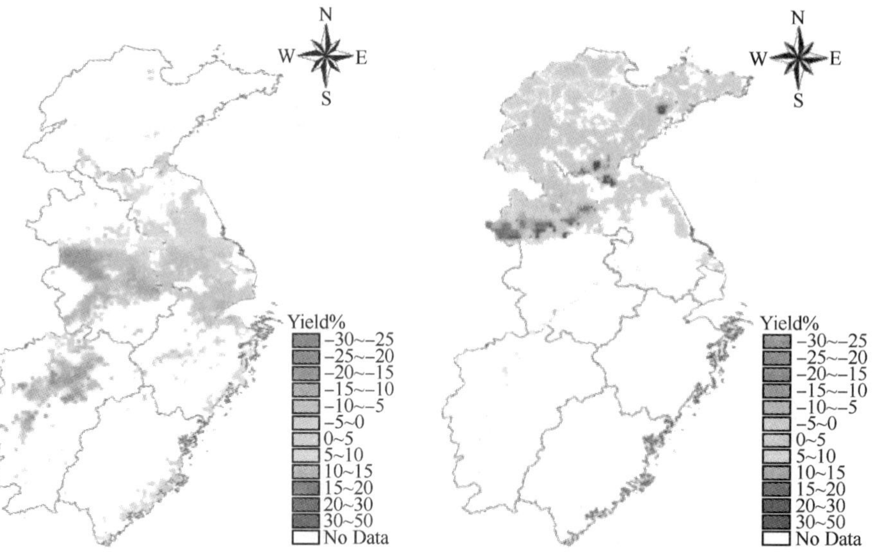

华东区域水稻2030年代单产空间变化图　　华东区域小麦2030年代单产空间变化图

图 3.1　A1B 情景下华东区域 2030 年代小麦及水稻产量模拟

对种植制度的可能影响：由于气候变暖，将使中国长江以北地区，特别是中纬度和高原地区的适宜生长季开始日期提早、终止日期延后，农作物潜在的适宜生长季有所延长。未来气候变暖使我国南方双季稻种植的主要地区的热量资源更为丰富，在水分满足要求的地方，种植制度可能向一年三熟的方向发展(杨晓光，2010)，大多耕地将实施稻—稻—越冬作物的种植方式，华东区域三熟制的种植面积将大幅度增加，到 2030 年两熟制北界将从秦淮地区北移至内蒙古和东北的南部。

对农业气象灾害的可能影响：未来气候变化可能会加重江西、皖南、浙西等地 7、8 月份的伏旱，影响早稻成熟和晚稻插秧(吴海宝，1995)。长江中下游地区还将在旱伏期有可能出现干热风，将严重影响早稻的生长发育。气候暖化、降水量和降水模式变化将影响稻作病虫害的分布、发育、存活、迁移、生殖、种群动态和大暴发(林而达，2001)。随着未来气候变率的增大，不同稻作制度下水稻高温热害将愈演愈烈，早稻和晚稻受低温威胁将显著减轻；水稻生长季内干湿状况较目前无明显差异，但季节性干旱和暴雨的发生频次呈增加之势(葛道阔等，2009)。

对农作物病虫害的可能影响：未来气候变暖利于病虫害的发生和繁殖蔓延。气温升高会使目前那些受气温限制的病虫害活动范围扩大，虫口繁殖率提高，大多数病虫害在变暖变湿的条件下会更严重地危害稻作生产。冬季气温的升高，不仅有利于冬种作物面积的扩大，增加了寄主植物源，而且有利于病虫害的越冬、促使病原、虫源基数增多(李淑华，1992)。

3.1.2　华东区域农业适应气候变化的策略与建议

进一步加强区域农业监测力度，提高农业抗灾减灾能力。加大华东区域农业监测站网建设，增加监测覆盖度，加强暴雨、洪水、旱情等方面预测、预报和预警设施建设，提高预报的准确率和时效性，为农业防灾减灾提供技术支撑，降低农业生产风险。

加强农业气候适宜性评价，优化农业结构调整，适应气候变化。开展精细化的农业气候动态区划，合理利用气候资源，改革耕作制度，调整作物布局及种植结构，适度扩大三熟制，提高复种指数；引进、培育抗逆性强的作物品种，加强名、特、优品种的繁育、引种和推广，优化品种结构；加大农业投入，扩大特色农业、设施农业的种植面积，大力发展绿色无公害农业。

加强农业基础设施建设，建立农业气象灾害防控制度和体系，提高农业防灾减灾能力。加强农田水利和防灾减灾为重点的基础设施建设，增强抵御气候变化风险能力；建立健全农业气象灾害监测、预警和防控体系，建立农业气象灾害早期预警系统，完善和制定防汛抗旱、抵御高温、寒潮、台风、连阴雨、雪灾等灾害的应急预案；建立和完善农业领域适应气候变化的政策法规体系，加强农业气象灾害信息服务与引导，建立和完善政策性和商业性农业保险制度。

积极应对主要病虫害。针对华东区域主要粮食作物病虫害，如纹枯病、稻瘟病、白叶枯病和赤霉病，稻飞虱、稻纵卷叶螟和螟虫等病虫害开展研究，分析其气候变化影响范围和适应性，开展物理防治、化学防治、生物防治和综合防治技术的研发，在重点区域如长江三角洲有效控制这些病虫害的流行和蔓延，保障粮食的生产与安全。

发展低碳农业，加强农田生态建设和温室气体排放管理。开展农田氮过剩调查与评估，大力推进测土配方施肥，科学调配化肥和有机肥的施用比例，控制农业面源污染及化肥温室气体排放；推广间歇灌溉、旱稻种植和选育新品种，减少稻田甲烷排放；发展循环农业和生态农业，加强低碳循环农业综合示范区及农业生态环境监测网络工程建设，增强农田生态效益，加强农田生态效益的科学评估工作。

3.2　气候变化对华东区域水资源的影响及对策建议

3.2.1　气候变化对水资源的影响

(1)已观测到的气候变化对水资源的影响

降水量：华东区域年降水量变化的地区差异较大，近50年来长江流域总体上无明显变化趋势（杨桂山等，2009）；淮河流域特别是中上游和沿淮地区2000年以来降水量明显增多；东南诸河流域呈增加趋势，黄河流域呈减少趋势。旱涝事件总体上趋多趋强，长江流域、淮河流域和黄河流域的干旱范围在迅速扩大或逐步扩大（任国玉等，2007）。

径流量：华东区域各大主要流域径流量多呈减少趋势，但程度不一。近50年，长江流域年径流量变化与年降水量变化一致，并无明显增多或减少趋势，上、中、下游的年径流量虽有不同的变化，但均不明显。淮河全流域的实测径流量整体上呈下降趋势。淮河流域主要大型水库——梅山水库的历年降水量和历年径流深度对应非常一致，径流的极端值年份与历史典型旱涝年份也十分吻合，如大旱年1978、1994、2001年等和大涝年1954、1963、1991年等。

黄河流域下游（利津水文站）的径流量从1969年开始出现减少趋势，并于1977年起变得特别显著，每10年实测径流量的递减率为14.1%（张建云等，2007）。黄河下游径流量的减少也体现在断流次数的增加。在1972—1999年黄河下游（利津站）有22年出现断流，累计断流89次1091天，特别是进入20世纪90年代后，断流次数逐步增加，断流天数不断增多。1999年开始黄河水量实施全流域统一调度以来，截至2009年，黄河已连续十年不断流。

东南诸河闽江竹歧站20世纪80年代后（1980—2004年）的多年平均径流量与80年代前（1950—1979年）的相比减少了0.9%，基本上呈减少趋势，但不明显，仅局部年份显著减少（张建云等，2007）。

水位：长江流域（大通水文站）和新安江流域（屯溪水文站）的年最高水位均无明显变化趋势，但最高水位或最低水位的极端值与大涝年或大旱年的对应非常一致，如1954年、1991年江淮流域大涝、1998年长江流域大涝、1978年大旱等。两者在20世纪80年代后期开始呈上升趋势，并且在1998—2000年之间水位明显增加。

淮河中游鲁台子水文站的年最高水位无明显变化趋势，但最高水位或最低水位的极端值与大涝年或大旱年的对应非常一致，如1954年、1991年江淮流域大涝；1966年淮河流域大旱、1978年大旱等。

水质：长江流域湖泊众多，水质污染还造成长江下游湖泊蓝藻频繁暴发。在气候变暖的情况下，近年来，太湖蓝藻水华暴发时间由初夏逐渐提前至3—4月份，特别是2000年以来，蓝藻水华更为频繁。近几年来，巢湖亦被遥感监测到蓝藻重度爆发的情况，如2004、2005年的全湖面蓝藻水华（张红等，2009）。

(2)未来气候变化对水资源的可能影响

未来50～100年，全国多年平均气温与多年平均降水量比现阶段（1961—1990年）均有所增加，但多年平均径流深在北方部分省份减少明显，在南方部分省份增加显著，华东区域平均径流深也增加显著。这说明气候变化将可能增加我国洪涝和干旱灾害发生的概率，进一步加剧我国北旱南涝的现状，特别是长江中下游的洪涝问题难以从气候变化的角度得以缓解，反而会有一定程度的加剧①。

长江流域：基于IPCC第四次评估报告中的全球模式输出的未来气候情景，长江流域降水量在2020年前以减小为主，2020—2040年间降水量开始增加，2060年后降水量呈明显增大趋势。在这一气候变化趋势下，长江流域地表径流在未来前30年间变化不明显，但2060年之后呈明显增大趋势(金兴平等，2009)。

淮河流域：采用水文模型结合不同气候情景模拟结果显示，未来2011—2040年，淮河流域气候将趋于暖湿，但年径流量将可能以减少趋势为主，主要是由于未来降水量减幅较大造成的。未来的气候变化对淮河地区水资源的可持续发展以及东线调水工程水资源统一调配和管理提出了较大的挑战(高歌等，2008)。

黄河流域：根据黄河未来气候的可能变化，假定了15种气候方案：降水变化±20%、±10%或不变，同时气温保持不变或升高1℃、2℃的15种组合下，分析了气候变化对黄河流域水资源的影响，结果表明：(1)径流量随降水的增加而增加，随气温的升高而减少；(2)径流量对降水变化的响应更为显著；(3)气温对径流的影响随降水的增加而更为明显(王国庆等，2000)。

鄱阳湖流域：21世纪前50年鄱阳湖流域气候变化情景预估结果表明：(1)鄱阳湖流域年降水量变化相对复杂，前30年主要为减少趋势，后20年降水量又开始增加，但相对于1983年总体上是增加的(蔡玉林等，2009)。(2)低排放情景下，鄱阳湖流域北部地区年径流深增加的趋势比较明显。中等排放情景下包括鄱阳湖在内的中下游大部分地区地表水资源量呈弱减少趋势，高排放情景下则呈现弱增加，但均不显著(刘波等，2008)。

3.2.2 水资源适应气候变化对策建议

针对华东区域水资源的现状以及未来气候变化对其可能造成的影响，必须采取以水资源可持续利用与管理为准则的适应性对策。适应性对策的确定需要考虑上述问题和政策的合理性及可行性，即采取在现有的标准准则下能够正常进行调整的有关措施，主要包括以下几方面(水利部应对气候变化研究中心，2008；马占青等，1999)：

推进节水型社会建设，推进非传统水资源开发利用。提高用水效率，改善用水结构，提倡适宜当地的水利用方式；开发利用非传统水资源，包括雨水、海水、污水等，大力开展空中云水资源的评估和开发利用；建设跨流域调水工程，实现多流域水资源的优化配置和利用。

建立健全综合防洪抗旱体系，开发利用非传统水资源。加强水利基础设施建设，增强防洪抗旱减灾能力；建立洪水、旱情等的监测、预测及预警体系，健全防洪抗旱管理机制；建立气候预测、预估与水资源信息共享机制，为水资源的合理调配和布局提供技术支撑；加强中小河流山洪及地质灾害监测预警体系建设；实施规模化科学人工增雨作业，开发利用空中水，增加区域降水量，海水利用、污水资源化等手段，具有广阔的应用前景。

治理水环境，改善用水结构。建立健全流域管理体制，强化综合管理和协调，加强水资源保护，减少污染物排放；建立生活饮水源地水质安全应急体系，缓解水质性缺水压力；建立促进“中水”回用的政策体系和价格机制；缺水地区在制定地区和工业发展规划时，应严格控制耗水量大的重工业发展，限制用水效益差的行业发展。

3.3 气候变化对华东区域海岸带的影响及对策建议

3.3.1 气候变化对华东区域海岸带的影响

(1)已观测到的气候变化对海岸带的影响

海平面上升变化趋势：华东区域自北向南的沿海海平面变化情况的地域差异更加明显。1978—2007年，华东沿海各省市海平面升高幅度由高至低为：上海(115 mm)、浙江(98 mm)、山东(96 mm)、江苏

---

① 水利部水文局. 2003. 国家“十五”科技攻关计划(2001—BA611 B—02—04)“气候变化对我国淡水资源的影响阈值及综合评价”技术报告

(78 mm)和福建(47 mm)。近几十年来,山东半岛东南部沿海的相对海平面上升速度约为3.0 mm/a;江苏和长江口北沿海的上升速度为 0.9 mm/a;长江三角洲沿海的海平面平均上升速率为 4.7 mm/a(张锦文等,2001);福建沿海则为 1.9 mm/a(郑文振等,1993)。而长江三角洲地区的海平面上升速度最为显著,远远高于华东其他沿海地区(施雅风,2000;张锦文等,2001)。华东部分海岸段由于地面上升作用,相对海平面表现为下降趋势,如山东青岛和江苏连云港沿海(周天华等,1992;郑文振等,1993)。

风暴潮加剧:华东沿海地区大部分海岸段属于风暴潮易发地段,其中比较严重的岸段包括渤海湾到莱州湾沿岸、江苏小洋口到浙江台州温州地区、福建的沙堤至闽江口等沿海地带(施雅风,1994)。2000 年我国沿海曾发生严重风暴潮灾害,给华东沿海地区造成的直接经济损失就高达 112 亿元;其中江苏省经济损失约 56 亿元;浙江省经济损失约 43 亿元;福建省经济损失约 12 亿元;上海市经济损失约 1.4 亿元,并造成 39 万平方千米的农田被淹,受灾人口多达 920 万人。

海岸侵蚀:华东区域海岸侵蚀是我国海岸带侵蚀较严重的区域,占全国海岸侵蚀总长度 67%。山东省是华东区域海岸侵蚀最长的省份,江苏省次之。华东海岸线漫长,不同区域自然背景与社会经济发展水平相差很大,海平面上升的影响方式与程度也各具特征,必须分别对待。长江三角洲海岸侵蚀主要的表现形式是淤积航道、岸线后退、洼地淹没。黄河三角洲海岸侵蚀主要表现为海岸线后退、岸滩刷深、油井井台沦入海中、海堤与漫水路被毁等。

海(咸)水入侵:气候变化引起降水分布变化是导致沿海区域海(盐)水入侵强度发生变化的主要因素之一,这一现象在山东沿海地区表现比较突出。其中山东省莱州湾地区是海水入侵灾害最严重的地区之一,其降水量的变化与海水入侵之间也表现出明显的相关性(刘军,2007)。莱州湾东南沿岸自 1976 年发生海水入侵灾害以来,一直以增加的速度不断扩展。例如 1976—1979 年间莱州湾海水入侵速度是 46 米/a,到了 1987—1988 年间则急增为 404.5 米/a(胡政等 1995),其海水入侵的速度增加十分显著。如果不采取切实有效的地下水限采措施,任地下水位持续下降,海水入侵将最终能够危及整个龙口平原,最大入侵距离将达到 14.2 千米,整个莱州湾的海水入侵最大面积可能达到 2300 平方千米(毕建新等,2010)。

(2)未来气候变化对华东区域海岸带的可能影响

《中国海平面公报》(2009)预测未来 30 年,华东各省海平面仍将持续上升,海平面与 2009 年相比较,上升幅度介于 7～15 厘米之间。其中上海地区平均升幅最大达到 12 厘米;而福建平均升幅最小为 9 厘米。但如果考虑到地面沉降等地质因素,华东各海岸段的相对海平面上升速度可能远远高于《中国海平面公报》的预估值。例如,2050 年长江三角洲北部沿海预计比常年会上升 45 厘米,苏北滨海平原和杭州湾北岸变化范围为 20～30 厘米之间(施雅风,2000);而山东半岛地区到 2050 年海平面上升的范围不超过 50 厘米;浙江、福建沿海的上升幅度较小,为 2～39 厘米(张锦文,2001)。

未来海平面上升将增大河口盐水入侵的距离。以长江口为例,在海平面上升分别为 30 厘米、50 厘米和 100 厘米的条件下,盐水楔将分别向上游推进 3.3、5.5 和 12 千米(徐海根等,1994)。另外相对海平面上升,海堤的原设计的高潮位出现频率将随之增加。如上海黄浦江防汛墙设计水位为 1000 年一遇,若海平面上升 100 厘米,则变为 100 年一遇(缪启龙,1995)。海平面上升 20～50 厘米,长江三角洲的海防堤标准就会由百年一遇降为 50 年一遇(朱孝文等,1993)。大大加大了防汛墙遭受破坏的概率,且这种增加是非线性的。

3.3.2　海岸带适应气候变化的对策建议

建立华东区域海平面上升的检测和预警系统。加强各地潮位观测、地壳形变的长期观测,以及海洋水文和海滩动态的检测,并建立相应的预警机制,为决策机构提供相对准确和有效海平面变化信息,才能采取及时有效的海岸带应对气候变化的相应措施。

加强华东极端天气事件的监测预报能力,建立灾害监测预警平台。重点加强极端天气事件的监测预报预测能力以及重大气象灾害预报的准确率和时效性,从而可以显著增强防灾减灾的针对性和有效性,及时有效地做出相应的紧急避灾措施,尽可能地减少生命和财产的损失。

修建海岸堤坝等防护工程措施,加强沿海防潮工程的建设。海岸带防护需要采取综合措施,实行护坡与护滩结合、工程措施与生物措施结合的方针,提高海堤标准,尤其是地面沉降严重,海平面上升速度大的地区(如上海以及长江三角洲地区)以及海堤防护能力较弱的地区(如黄河三角洲及渤海湾、莱州湾地区)

更应该加强海堤等防护工程的建设，以抵御海岸侵蚀、风暴潮、海(咸)水入侵等灾害的袭击。

控制地面沉降，合理利用地下水。对地下水的开采、回灌及地面沉降防治、环境整治等制定相应的管理条例和地方性法规，并建立地下水资源持续利用模型，以正确预报地下水的容量和可开采量。对地下水的开采实行动态控制，实现地下水开采的协调管理，优化地下水的开采布局。利用遥感、地理信息系统、全球定位系统等新技术方法，建立地下水开采、回灌、地面沉降监测及管理系统，有效控制治理水污染，积极创造条件，缓解地下水压力。

提高沿海重点经济区和港口建设的设计标准。在沿海重点经济发展区域内的新城镇建设中考虑其设计标高，环保设施和排水工程也要考虑海平面上升的影响。由于海平面上升和地面沉降等作用，使得一些老港区受到威胁，例如上海黄浦江老港区，应加快长江深水港的建设，提高新港码头防潮设施的设计标准。

3.4 气候变化对华东区域生态系统的影响及对策建议

3.4.1 气候变化对生态系统的影响

(1)气候变化对华东海岸生态系统的影响

华东区域海岸线绵长，大陆海岸线总长度达到9600余千米(包括山东省、江苏省、上海市、浙江省和福建省)，占我国大陆海岸线近50%。

对生物多样性的影响。由于气候变暖，鲸鲨在中国沿海洄游时间已经明显推后近1个月，而且在山东沿海滞留时间也延长。研究发现台湾海峡出现了13种鱼类新纪录种，这些新纪录种都是暖水种，以前主要分布在南海海域；部分以前仅在海峡南部捕获的种类，现在海峡北部也能捕到(陈宝红等，2009)，表明气候变化导致物种的分布北界继续往北推进。近年来，山东、江苏等沿海区域出现海洋大型藻类灾害事件，主要由气候变暖引起海洋气温上升，导致某些藻类数量迅速增长。

对红树林的影响。气候变化对于华东红树林生态系统的威胁正在不断加强。在海平面升高期间，海拔较低的岛屿红树林最容易消失，所有的红树林也都将受到海平面升高速度的严重威胁。浙江沿海现存红树林区内沉积物的沉积速率很难赶上海平面的上升速度，红树林的生存将面临严重的威胁(龚婕等，2009)。未来气候变化将进一步影响红树林的分布，就我国而言，如果气温升高2℃，则白骨壤(红树林的一种)的分布最北界将从福建莆田拓展至浙江温州；红树林人工引种的北界则可望到达杭州湾一带，浙江由现在的引种1种，升温后自然分布可能有3种，福建省将由4种红树植物增加到10种(陈小勇和林鹏，1999)。

(2)气候变化对华东湿地生态系统影响

华东区域湿地资源丰富，据2004年全国湿地调查数据，华东区域各类湿地(滨海湿地、河流湿地、湖泊湿地、沼泽、库塘)面积为48920平方千米，有4处湿地列入国际《湿地公约》(中国共计30处)。下面以鄱阳湖湿地为典型案例，分析评估气候变化对湿地的多方面影响。

对湿地植被的影响。气候变化将使旱涝灾害频繁发生，干旱与洪涝对湿地植被都会产生较大的影响。短期的干旱对湿地植物群落变化的影响不大，但长期的季节性干旱则对植物群落的影响较大。鄱阳湖区2003—2005年连年偏旱，加上2006年枯水位大幅提前，低水时间异常偏长，导致鄱阳湖典型湿地植被分布出现了变化，湿生、挺水植物(如苔草和蓼子草)快速向湖心推进，浮叶、沉水植物(如荇菜和苔草、马来眼子菜)大幅缩减，并出现了外围原湿生植物向沙生植物转化的趋势。洪水对水生植物的生长发育亦有较大影响，受特大洪水影响，水生植物地上部分比地下部分变动幅度大；特大洪水不仅影响到水生植物的更新和恢复，同时导致湖泊初级生产力下降(崔心红等，2000)。

对湿地碳储量的影响。随着气候变暖趋势的影响，鄱阳湖湿地植被碳存储量增加。但是受干旱现象影响，湿地植被面积萎缩，碳存储量会有所减少。鄱阳湖湿地生态系统及其土壤目前都表现为大气的碳汇，湿地植被通过光合作用进行固碳的同时，深达50～100厘米的土壤有机碳含量仍可保持在5克/千克以上(迟传德等，2006)。

(3)气候变化对华东森林生态系统影响

华东区域森林类型丰富，从南到北分别有常绿阔叶林、落叶阔叶林、针叶与落叶阔叶混交林、亚热带针叶林、暖温带针叶林等。华东区域森林面积为 298793 平方千米，其中福建省、江西省森林覆盖率分别位居全国第一和第二，分别为 62.96%和 60.05%。

对森林生产力的影响。气候变化对华东森林生态系统生产力的影响是正效应的。研究表明，华东森林生态系统是一个温室气体吸收汇，近 20 年，森林碳库呈增加趋势。随着气温增加和降水的增加，江西和福建植被净初级生产力(NPP)总体上呈现上升的趋势(曾慧卿等，2008；闫淑君等，2001)。未来气候变化背景下，对华东区域森林生产力产生不同程度的影响，森林生产力分布格局主要取决于气候环境。以江西省为例，二氧化碳浓度倍增后，江西森林生产力将有所增加，增加的幅度因地区不同而异。根据若干二氧化碳浓度倍增的大气环流模型(GCMs)预估，江西省各地自然植被 NPP 对未来气候变化情景的响应为正反馈效应(曾慧卿等，2008)。

对森林结构和分布的影响。未来气候有可能向暖湿变化，华东区域江西省、福建省森林植被带在未来气候变化条件下，可能会有更多热带植被进入，其他省份的植被带亦可能同时向北推进。华东区域森林生态系统可能出现由于气温上升，植被带北移现象，使乡土树种等林种失去原来的生长环境，引起森林结构和布局调整，从而影响生态系统的稳定性。

(4)未来气候变化对华东区域生态系统的可能影响

未来气候变化会使华东区域海洋物种分布北界继续往北推进。海平面上升会威胁到华东区域红树林的生存，但气温升高有利于红树林适宜生长范围的扩大，如气温升高 2℃，红树林引种的北界可望到达杭州湾一带。

未来气候变化会使鄱阳湖属地植被的碳存储量增加，森林生产力、产量和碳存储量也呈现不同程度的增加。如 CO_2 浓度倍增后，江西森林生产力将增加 12%～35%。各种类型森林带向北推进，水平分布范围扩展，山地森林垂直带谱向上移动，影响生态系统的稳定性，威胁生物多样性；未来气候变化还会导致湿地面积萎缩，影响候鸟类栖息地；导致鸟类从低纬度向高纬度的迁徙期提前。

3.4.2 生态系统适应气候变化对策建议

加强湿地资源恢复和湿地生态系统的管理。实行以自然流域为单元、统一高效的现代化管理。巩固退田还湖、退牧还草、还泽、还滩成果，实施湿地生态恢复工程，建立湿地自然恢复区，完善引水设施体系，实施水位和水文周期调节，恢复湿地植被；治理乱堵堰、乱栽树、乱排污，严禁一切破坏湿地的行为。加强鄱阳湖、太湖、巢湖、洪泽湖等重要湿地的保护工作，实施小型湖泊、山塘、港汊、农田、溪流湿地保护工程，禁止建设项目非法侵占。加强人工湿地建设，加快湿地动态监测体系和基础数据平台建设，合理开发城市河段、湖泊湿地。

大力开展植树造林，加强森林生态建设与保护。加强华东区域各类自然保护区和森林公园的管理。坚持不懈推进植树造林和国土整治，全面加强生态公益林建设，全面提高森林资源质量和生态效能，立足保护现有阔叶林资源，大力营造人工阔叶林和针阔混交林，提高生态公益林质量，增强森林涵养水源功能，加大封山育林管理力度，通过封、改、造以及“栽植、留灌、补阔”等形式构建复层混交林，提高林分质量。抓好天然林资源保护、退耕还林还草、防护林体系、野生动植物保护及自然保护区建设等林业重点生态建设工程，进一步保护现有森林碳贮存，增加陆地碳贮存和吸收汇。

建立生态监测和预警体系。建立生物多样性适应气候变化监测预警体系，开发生物多样性保护和恢复技术，构建外来物种入侵的防控体系；建立健全生态状况综合监测系统，开展物候的调查、监测和分析等工作。

3.5 气候变化对华东区域能源消费的影响及对策建议

3.5.1 气候变化对华东区域能源消费的影响

(1)已经观测到的气候变化对能源消费的影响

气温对华东区域能源消费的影响主要表现在生活中的冬季取暖和夏季降温的能源消耗上，我国冬季取暖所消耗的主要是煤炭，夏季降温消耗的能源主要是电力。从煤炭和电力消费与取暖度日值和降温度日值之间的滑动相关系数变化可以看出，随着时间的推移，它们与气温之间的线性关系在不断增强，其中煤炭消费与取暖度日值间的关系变化更加明显。Liu(2009)对爱尔兰大都柏林地区研究也表明，取暖能源需求与以15.5℃为基础温度计算的度日具有很强的线性关系，气候显著影响居民能源需求。

20世纪80年代中期以来，华东气候变暖，尤其是90年代中期以来的显著变暖，对华东冬季采暖和夏季制冷气候条件和能源需求产生了很大影响。陈莉等(2006)研究表明，与1980年以前时段相比，1985—2004年以及1995—2004年间，我国集中采暖区和过渡采暖区的界线明显北移，尤其110°E以东地区北移最大达2～3个纬距；长江以南地区采暖期长度缩短最大达30天以上，由气候变暖导致的长江中下游地区冬季采暖耗能降低了30%以上。

史军等(2011)分别以18℃和26℃作为采暖和制冷的基础温度，对华东区域1961—2007年取暖度日和降温度日分析表明，华东采暖度日呈现出先增加后减少的变化趋势，制冷度日则呈现出先减少后增加的变化趋势(图3.2)，其中采暖度日在华东大部分地区都减少，并呈现出北部多—中部中等—南部少的空间减少趋势；制冷度日在华东多数地区都增加，并以长江三角洲地区、浙江东部和福建增加最为明显(图3.3)。过去47年间，由于气温升高，华东采暖度日减少了7%，制冷度日增加了17%。

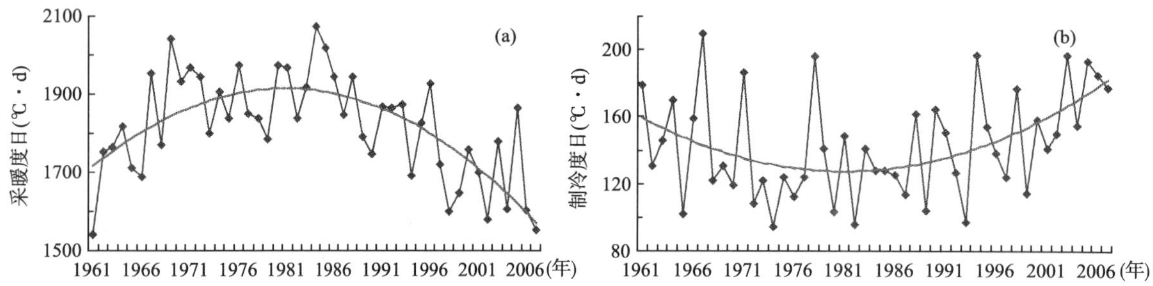

图3.2　1961—2007年华东采暖(a)和制冷(b)度日的年际变化(史军,2011)

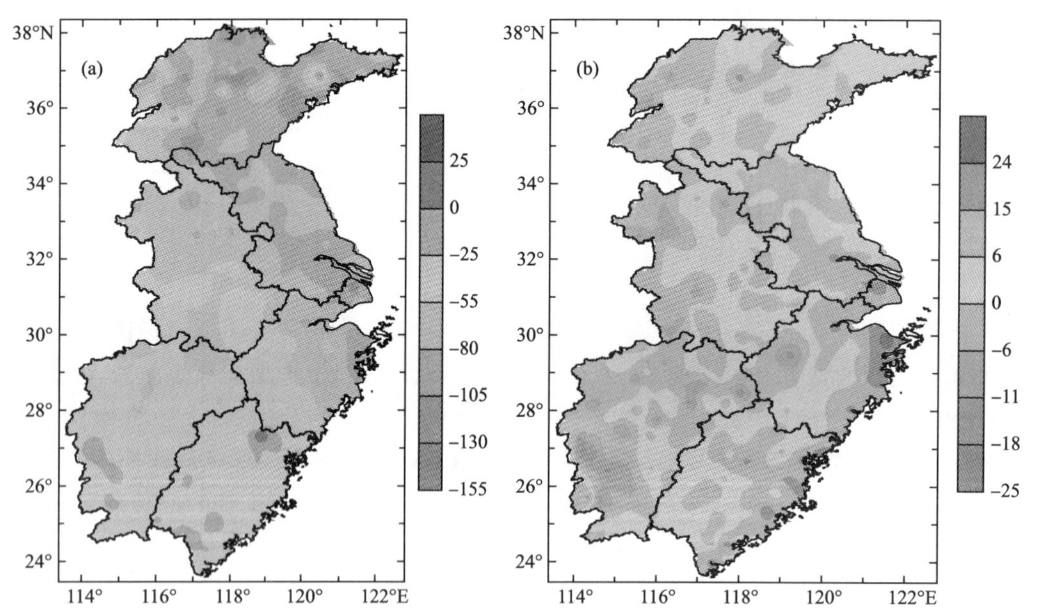

图3.3　1961—2007年华东采暖(a)和制冷(b)度日的空间变化(单位:度·日/10年)(史军,2011)

在全球气候变暖和区域快速城市化造成的热岛效应的双重影响下，华东区域近年来夏季持续高温天气频频出现，用电量不断增长。据估计，在经济比较发达和夏季炎热的长江三角洲地区，空调负荷占夏季高峰电力负荷中的三分之一以上。贺芳芳等(2008)对上海地区2003—2006年逐日用电量和最高用电负荷资料与同期气象要素相关分析表明，日用电量和日最高用电负荷与气温有显著的正相关，上海地区日最高气温每增加1℃，最高负荷增加37.7万千瓦。此外，连续高温的热累积效应和高于28℃的过高的最低气温也都对用电负荷的增加产生明显的影响。

(2)未来气候变化对华东区域能源消费的可能影响

史军等(2011)基于系统性误差订正后全球模式CCSM3驱动的RegCM3模式预估结果研究表明，

在 2010—2039 年期间，气候模式预估的华东采暖度日将以 66 度日/10 年的线性趋势显著减少，制冷度日将以 45 度·日/10 年的线性趋势显著增加（图 3.4），其中采暖度日在整个华东区域都减少，并呈现出北部多—东南部少的空间减少趋势；制冷度日在整个华东区域都增加，并呈现出中西部多、北部和沿海少的空间增加趋势（图 3.5）。与 2010—2019 年相比，华东采暖度日将减少 8%，制冷度日将增加 30%，即未来华东夏季空调耗电量将显著增加，并以华东中西部增加最多。

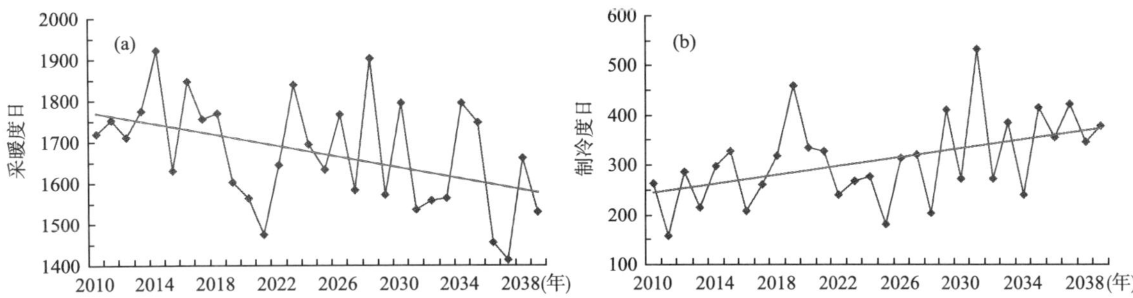

图 3.4　2010—2039 年华东采暖(a)和制冷(b)度日的年际变化（单位：度·日）（摘自史军等，2011）

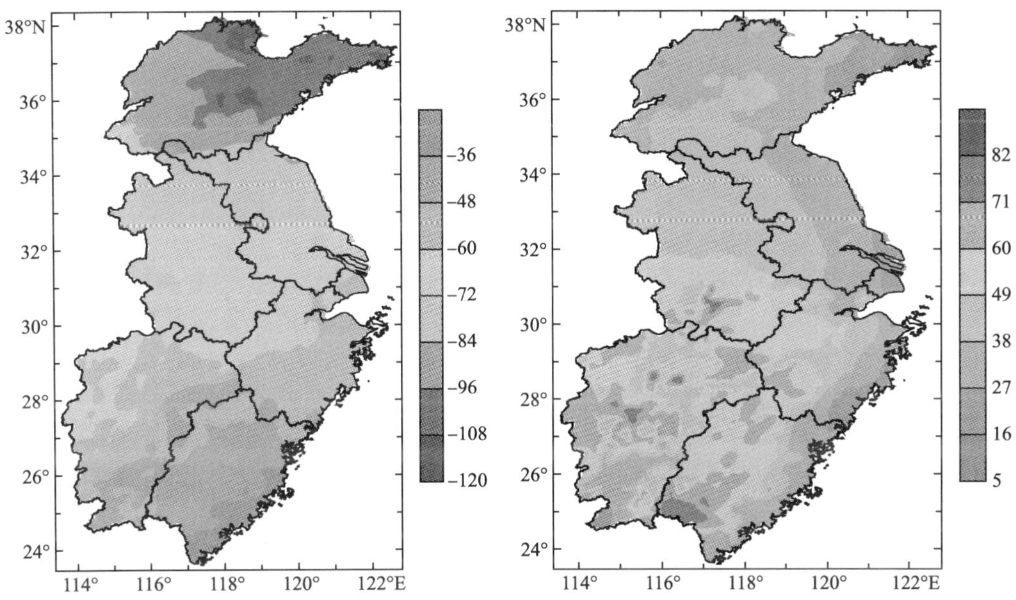

图 3.5　2010—2039 年华东采暖(a)和制冷(b)度日的空间变化趋势（单位：度·日/10 年）（摘自史军等，2011）

未来气候变暖趋势将进一步加剧，并将持续出现几个主要特点：一是气温升高，特别是华东北部和西部地区气温上升明显，这将加剧空调制冷电力消费的增长趋势，对当地保障电力供应带来更大的压力；二是极端天气事件发生频率增加，加大了重大能源工程安全运行的风险。

对华东区域而言，在未来全球气候变化的背景下，华东区域旱涝、台风、高温等极端天气、气候事件出现的频率和强度都有可能会增加，从而从另一方面导致华东区域能源消耗的进一步增加。

3.5.2　华东区域能源消费适应气候变化的对策建议

强化建筑和交通节能，实现低碳发展。建筑物在设计和建造时考虑利用自然界的阳光、气温、风等条件改善建筑物室内热舒适性，采取有效的节能措施改善建筑的热工性能，降低建筑物全年能耗；积极推进绿色建筑，努力发展生态建筑，加快既有建筑物的节能改造，大力推广节能门窗和墙体保温隔热等节能产品和技术；加快实施节能标准，推进和落实能源价格改革措施，合理引导能源消费，提高公众的忧患意识和节约意识。

大力发展新能源及可再生能源，优化能源结构。制定适应气候变化的能源规划和产业政策，加强风险管理，完善气候资源、生物资源和可再生能源保护和开发利用的地方性法律法规；加强风能、太阳能等可再生能源的开发利用，大力发展风电和光伏产业；优化采暖降温方式，利用太阳能、地热等可再生能源，降低建筑物的电力及化石燃料消费需求。

倡导绿色生活方式，鼓励公众参与。通过宣传教育，使人们树立绿色能源、绿色生产、绿色产品、绿色消费、绿色住宅等新理念，城市居民在享受丰富、舒适生活的同时，尽可能实现最低程度的能源消耗。

3.6 气候变化对华东区域人体健康的影响及对策建议

3.6.1 气候变化对华东区域人体健康的影响

(1)气候变化对人体健康的直接影响

高温热浪：华东区域是我国高温热浪发生较为频繁的地区之一。全球气候变暖对人体健康最直接的影响是极端高温产生的热效应将变得更加频繁、更加广泛。高温热浪强度和持续时间的增加，除直接造成人类死亡率增加外，还导致以心脑血管、呼吸系统疾病为主的发病率增加(谈建国和黄家鑫，2004；刘建军等，2008)。此外，由于华东区域，特别是长三角地区城市化发展迅速，导致城市热岛效应加强，表现出城市中心比近郊区和远郊区具有更多的高温日数、更高的极端最高气温、更长的高温持续时间(谈建国，2008)，再加上城市人口密度大，城区空气污染状况更为严重，进一步加剧了高温热浪对人体健康的危害。

从20世纪90年代开始，华东区域高温日数有增加的趋势，大多数城市近10年的高温日数都呈增加趋势，特别是进入21世纪以来高温日数明显增加(谈建国，2008)。

高温热浪往往造成人群的超额死亡，但是每次高温热浪过程的超额死亡率变化很大。以上海为例，有的热浪过程几乎没有超额死亡，但有些热浪过程却超额死亡明显。超额死亡率与热浪发生的季节早晚有联系，发生在6月下旬和8月中下旬至9月上旬的热浪，超额死亡率较高，而在盛夏期间(7月中旬至8月上旬)则相对稍低。老年人和婴幼儿是高温热浪的易感人群。长时间持续性高温是导致夏季死亡增加的主要因素，热浪期间污染水平比非热浪过程期间只有轻微的增加。生活条件的改善，如空调的使用、居住条件的改善，可能有助于降低人群易感程度，减少死亡率(Tan *et al.*，2007)。

寒潮低温：近50多年来随着气候变暖和城市化进程，冬季人体舒适感觉“很冷”和“冷”的日子出现的频数有明显减少的趋势(谈建国，2008)。气候变暖将减少冬季因病的死亡率，甚至大于夏季高温引起死亡率的增加值。但是，在全球变暖大背景下，低温雨雪冰冻等极冷事件也时有发生。除了高温热浪和寒潮低温对人体健康的直接影响外，还有研究发现在上海地区，气温日较差对心血管疾病和呼吸系统有关的逐日死亡率有一定影响(Kan *et al.*，2007)。

其他极端天气气候事件：暴雨、洪水和台风等极端天气气候事件会导致死亡率、伤残率、传染病发病率和心理异常的增加，并对公共卫生基础设施造成破坏。历史上，洪水是华东区域各种自然灾害中导致最大死亡损失的灾害。1991年华东大水、洪水总规模小于1931、1954年，但因华东区域人口密度和财富密度增加及淮河、太湖的生态恶变，致使灾情较重，计死亡1000余人，洪涝的发生还增加了溺死、暴发腹泻和呼吸疾病的风险。台风是华东区域另一种经常造成重大人员伤亡的灾害。2004年的强台风“云娜”在浙江造成164人遇难，24人失踪，受灾人口达1299万人。全球变暖可能导致台风、强降水等极端天气事件发生频率有所增加(IPCC，2007)，华东区域海岸线长、城市群人口高度集中，成为容易遭受极端天气气候事件侵袭并造成重大人员损失的高风险区。

(2)气候变化对华东区域人体健康的间接影响

许多间接潜在的健康影响源于气候变化对复杂的生态系统的干扰。主要的间接潜在健康影响包括媒介疾病发生的强度和范围的变化，非媒介传染病，农业减产引起的营养不良和其他健康效应，海平面上升引起的各种健康问题等。

气候变化一个主要的间接健康影响是媒介疾病的传播。气温和降水的变化会影响到媒介虫类的行为和地理分布，从而改变媒介疾病的发生率。受气候变化影响最明显的一种媒介疾病是疟疾，疟疾只分布于冬季最低气温16℃以上的区域，华东区域除福建省外，其他地区多为疟疾的输入性的病例。由于全球变暖使许多地方出现暖冬，因此疟疾可能向华东中北部地区传播。近年来由于气候变暖、人口流动性增加、城市化进程加快等因素，登革热的发生率也显著增加。最新的研究表明，随着全球变暖，华东沿海地区，包括福建北部、浙江、上海、江苏和山东南部已经成为我国登革热的高风险区之一(鲁亮等，2010)。未来气候情景下我国血吸虫病的传播范围和强度的变化研究表明，未来情景下血吸虫病分布范围的界限出现北移，在华东区域，尤其是江苏和安徽境内北移明显(杨坤等，2010)。

在全球变暖的大环境背景下，由于异常天气的出现，如夏季高温、冬季温暖、干旱等，往往会造成局地空气质量的下降。汽车尾气排放造成地面臭氧和氮氧化合物的增加，使光化学烟雾加剧，加上燃煤和城市建筑工程所形成的空气中细微悬浮粒子浓度增加，特别是在人口密集的大城市，由于城市热岛环流的存在，导致空气中污染物不易扩散，造成严重的污染。华东区域经济快速发展，机动车数量的不断增加，氮氧化物(NO_x)和挥发性有机物(VOC)的排放量显著增加，通过光化学反应造成的大气臭氧污染逐渐变得较为严重，尤其在长三角大城市群。

3.6.2　华东区域人体健康适应气候变化的对策与建议

提高与人体健康相关的适应对策实施力度。加强国际和国内多领域多学科的合作，研究和探索气候变化对人体健康影响的作用机制、评价和预测模型的研究，研究各种与人体健康相关的适应技术，开发建立气候变化与人体健康早期预警系统和应急预案等相应的适应技术。在气候变化影响的敏感区域开展综合应对措施，制定适合公共卫生领域的适应气候变化政策。

加强公共卫生服务与疾病控制能力建设。建立健全疾病监测网络和预警体系，以提高全民应对气候变化带来的各种突发事件的能力。同时，加强对重点职业人群、脆弱区域及脆弱人群的监测，对特殊人群采取有效地保护措施，以减少部分职业人群因高度暴露于各种有害因子引起的高疾病负担。

改善居住环境，加强宣传教育，提高居民适应气候变化的自我保护意识。合理进行城市规划和布局以减缓城市热岛效应，采取科学的方式，不断改善住所的生态环境。禁止或减少森林砍伐、保持物种多样性、保持良好的生态环境。开展气候变化方面的宣传活动，鼓励和倡导可持续的生活方式。强化健康教育，加强公众自我保护意识的宣传与健康教育活动，提高民众的自我保护能力。

第4章　气候变化对上海市的影响评估

4.1　上海市气候变化事实

4.1.1　气温

1961—2007 年上海市年平均气温增温速率为 0.39℃/10 年。其中，徐家汇升温最显著(0.51℃/10 年)，宝山及闵行次之(0.41℃/10 年)，金山、奉贤和崇明岛升温率最慢(0.2℃/10 年)。

各季节的平均气温变化不尽相同，对气候变暖的贡献大小依次为冬季、春季、秋季和夏季。其中，徐家汇在四个季节的增温速率均为最大，增温速率最小值除了在春季为金山站外，其他三个季节增温速率最小值均为崇明岛。

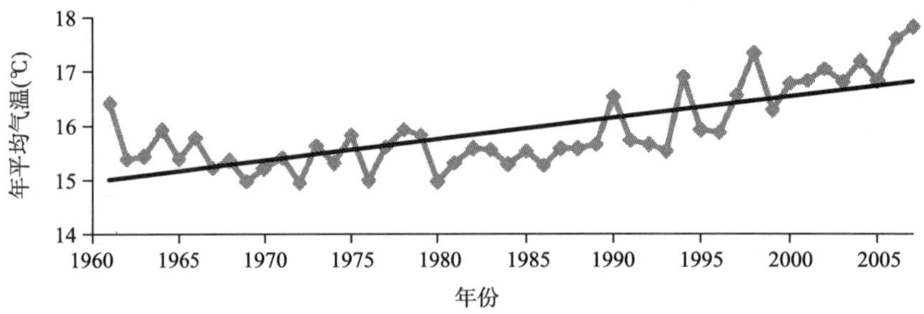

图 4.1　上海市年平均气温的时间变化

4.1.2　降水

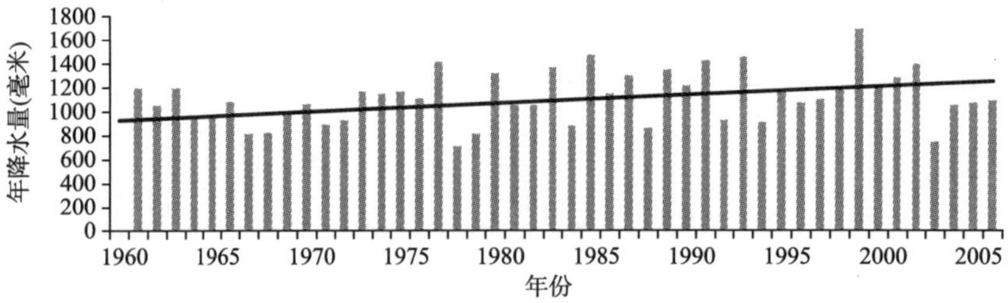

图 4.2　上海市年降水量时间变化

1961—2007 年，上海年总降水量变化略有增加，不同级别降水量的分配变化明显。以 1980 年左右为转折点，1980 年之后，小雨、中雨、大雨的贡献率逐步减小，而暴雨、大暴雨的贡献率逐步增加，强对流事件呈现增多的趋势。

4.1.3　高影响天气

梅雨：1875—2007 年上海百余年的入梅时间和出梅时间均出现推迟的变化趋势，变化率分别为 3.8 天/100 年和 6.8 天/100 年，并以出梅时间推迟更明显，即梅雨期长度出现增加的变化趋势，而梅雨量变化趋势不明显。

高温热浪事件：1980 年以后，高温热浪的发生频次明显升高。随着城市化进程的不断加快，上海市区与郊区的气温差有增大趋势，中心城区随着温度露点差的不断扩大，局地气候变得越来越干热，呈现出典型的城市化造成的气候变化特征，"热岛效应"趋于明显。

强降水事件：1880 年代—1990 年代期间，上海市强降水事件有增加趋势，且主要发生在梅雨期。

其中,1990 年代为梅雨期间暴雨次数最多的年代,而 1890 年代为最少的年代。

雾日数:1971—2000 年和 1991—2007 年期间,上海雾日数呈现出东部少、西部多的空间分布格局。在 1971—2000 年,雾日数以金山区最多,宝山区最少,分别为 48.3 和 22.1 天/年,而在 1991—2007 年期间,雾日数以青浦区最多,南汇区最少,分别为 38.9 和 13.8 天/年。两个时期相比,除青浦区的雾日数在 1991—2007 年期间略有增加外,其他区县都减少,以闵行区减少最多。

4.2　已观测到的气候变化对上海市的影响及重要举措

4.2.1　观测到的气候变化对上海市的影响

(1)能源

20 世纪 80 年代中期以来,上海夏季平均气温每升高 1℃,则全年生活能源消费量增加约 12 万吨标准煤。若年平均气温增加 1℃,则引起上海生活能源消费量增加约 300 万吨标准煤。

从模拟结果看,夏季和冬季气温变化对电力需求的影响程度是不一样的,夏季气温变化对电力消费量的影响更大。若夏季日平均气温超过 25℃,则每超过 1℃日电力消费量增加 0.174 亿千瓦时;若冬季日平均气温低于 15℃,则每低于 1℃,日电力消费量增加 0.026 亿千瓦时。温度调节用电量在夏季最高可以达到总用电量的 35%左右,在冬季一般可以达到总用电量的 15%左右。

(2)农业

上海地区热量资源明显增加,日平均气温稳定通过 0℃、10℃活动积温平均每 10 年分别增加 52.6℃·d 和 49.6℃·d。冬季热量的增加有利于冬小麦分蘖,使幼穗分化提前,但作物群体的抗逆性能下降,如冬末春初遇冷空气侵袭,极易受到低温伤害,所以要引起有关部门的注意。

上海地区春季降水有增加的趋势,容易引起春涝,影响小麦和油菜的产量和品质。秋季降水有减少趋势。秋旱对水稻的成熟和收割是有利的。

(3)水资源

上海地处长江出海口,历来是长江三角洲地区受咸潮危害最严重的城市。1978—1979 年本市受咸潮影响最长累计时间为 68 天。2006 年长江遭受特枯水情,使得宝山、普陀、闸北、杨浦和浦东部分区域的正常供水均受到严重影响。

随着城市发展和经济强度不断增加,城市用水量随人口增长和工业总产值的增加而增大,加重了沿海地区的供水压力,这也加剧了沿海地区经济社会发展的压力。2000 年以来,上海城市供水量每年以 20 万立方米/日以上速度递增,夏季高峰用水连年突破历史纪录。目前,全市最大日供水量已突破 1045 万立方米/日。

(4)城市可持续发展

城市安全运行:由于降水强度的增加、咸水的涌入和侵蚀、地面塌陷或下沉,一方面影响到上海的水质和水处理,从而直接影响供水安全;另一方面对上海管线、建筑地基和其他基础设施的造成极大损害。大量降水带来的城市积涝可能造成高速公路、港口、桥梁和机场跑道等交通基础设施的永久性损坏。高温,尤其是长时间的高温导致的路面损害和受损的交通系统可能危及人们的生命。人口和经济规模的增长,使得城市对能源的需求增加,同时,由于恶劣大气的频繁发生,能源传输基础设施可能会更容易遭到损坏和干扰(联合国人类规划署,2010)。

城市大气环境:据国家统计局发布数据显示,上海是我国城市化水平最高的地区。城市化导致的热岛效应使得人们生活、工业生产、交通工具运转中燃烧化石燃料形成的硫氧化物、氮氧化物、碳氧化物、碳氢化合物等大气污染物质在热岛中心区域聚集,严重影响城市大气环境。同时,热岛效应对城市酸雨、雾霾的形成以及大气层中臭氧的破坏也会造成一定的影响。

城市温室气体排放:随着城市化的快速发展,城市消费和生产所排出的温室气体已占到温室气体总量的 70%,上海市人均二氧化碳排放量在 2006 年就已经超过 10 吨。城市已经成为二氧化碳和其他温室气体的主要排放源。碳排放与城市化过程相交织,低碳城市已成为遏制全球增温的首要选择。

4.2.2 上海市应对气候变化重要举措

(1)调整农业结构,推广农业新技术。上海市针对耕地有限的特征,对农业结构不断进行调整,在2008年全市实现农业增加值111.8亿元,比上年增加0.7%;实现农业总产值280.7亿元,与上年持平。另一方面,上海积极推广农业新技术,减轻极端气候事件危害。在区、县和乡、镇各级根据农业发展需要,设置综合性的基层农业技术推广机构。引进、试验、示范农业关键技术;近年来上海市重点推广了优质高产良种、科学播种技术、测土配方施肥和病虫综合防治等多项关键技术,粮食作物产量在克服不利气候条件下,近年来单产和总产不断增加。

(2)优化产业结构和能源结构。上海大力推进现代服务业和先进制造业发展,2008年第三产业增加值占全市生产总值的比重为53.7%,比2005年提高了3.3个百分点,通过产业结构优化节能近300万吨标准煤。在推进产业结构优化调整的同时,上海也在不断加大能源结构优化力度。近几年上海天然气、风电、光伏发电等清洁能源发展十分迅速,在一次能源消费中的比重不断提高。

(3)出台地方性法规,保护水资源。上海市委、市政府十分重视水资源应对问题,在生态环境保护、合理利用水资源等方面出台了许多地方性法规、政府规章和规范性文件。依据《长江口综合整治开发规划》,推进长江口北支整治工程建设,减轻长江口北支咸潮倒灌对南支水源地的影响。加强流域水资源综合调度管理,保障河口入海生态径流量,在建设长江口水源地青草沙水库的基础上,继续推进崇明岛西南端长江口水源地东风西沙水库的建设,以加快长江口水源地建设,提高水源地避咸蓄淡能力;在建设完善供水系统支线管网的基础上,推进建设黄浦江上游水源地主要取水口原水连通管工程以及长江口青草沙水源地和陈行水源地连通管工程;优化供水系统调度运行管理,实现长江口水源地之间以及长江与黄浦江水源地之间的科学调度,多源互补,互为备用,保障城市安全供水。

(4)改善局地气候,推进可持续发展。由于合理的城市规划,上海市中心城区(卢湾、黄浦、静安区)热岛效应近年已得到较大幅度的缓解,热中心范围已缩小,目前静安与黄浦区均已不存在热中心。尤其是黄浦区高温改善明显,其气温比上海热中心区约低0.73~1.21℃。市区内杨浦区和卢湾区夏季高温改善也比较明显,热中心范围有一定程度的缩小。卫星监测表明:近年上海中心城区由于大规模建绿,夏季高温范围和强度明显降低,其中绿地气温比中心城区的热中心区域一般低2℃以上;比周边高温区域低1~2℃。

(5)推进低碳试点。上海在低碳经济发展方面也起步开展了一些试点工作,当前重点选择推进崇明生态岛、临港新城和虹桥枢纽城三个区域进行低碳经济实践。这三个低碳经济实践区各有侧重,崇明生态岛主要是示范生态保护(一产),通过限制工业开发来实现低碳发展;临港新城主要是示范工业发展(二产),在发展先进制造业中同时实现低碳发展;虹桥枢纽城主要是示范服务业发展(三产),通过发展现代服务业实现低碳发展。

4.3 上海市未来气候变化趋势、可能影响及对策建议

4.3.1 上海市未来气候变化趋势

利用全球模式CCSM3资料驱动RegCM3对上海市未来三种情景下气候变化进行预估,分析三种情景下气温和降水空间和时间变化趋势。结果表明,三种情景下上海市年平均气温均呈增加趋势,年降水存在较大差异。

(1)气温

B1情景(低排放)升温趋势最大(0.43℃/10年),A1B情景(中等排放)次之(0.29℃/10年),A2情景升温趋势最小(0.21℃/10年)。其中A1B情景和B1情景通过了显著性检验,而A2情景(高排放)未通过显著性检验。

(2)降水

三种情景下预估的,A1B情景下上海市年降水量明显减少,下降率为8.99 mm/a;B1情景下上海年降水量略为减少,下降率为0.24 mm/a;而A2情景下则是略为增加,增加率为2.75 mm/a。其中A1B情景通过了显著性检验,而B1情景和A2情景则均未通过显著性检验。

4.3.2　未来气候变化的可能影响

多数预测表明(黄芳等,2012),中国 2050 年时的城市化率可能达到 70%甚至更高,届时中国的人口总量会达到 14 亿～15 亿,即中国将有 10 亿多人口生活在城市,这势必会导致能源需求量和碳排放的增加。按照目前我国二氧化碳的排放速度,到 2020 年中国二氧化碳排放将可能达到占世界总排放量的 28%～30%,超过美国和欧盟的总和。以上海为例,2010 年碳排放总量为 2.9 亿吨,预计 2020 年将达到 6.3 亿吨(Li Li,2010),增加了近 2 倍,这势必将减缓上海低碳城市可持续发展建设的步伐。

未来 30 年,上海气温均呈上升趋势。随着社会经济的不断发展,城市规模、人口数量、下垫面性质将随之改变,城市热岛效应所表现的特征和不利影响可能会更加显著。另外,在未来全球气候变化的背景下,上海的洪涝、台风等极端天气气候事件的频率和强度有可能会增加,从而进一步导致城市供电、供水、排水、交通和通信等城市生命线系统的安全运行。

4.3.3　上海市未来适应气候变化对策建议

能源:调整产业结构,大力发展节能型现代服务业;调整能源结构,控制和削减化石能源消费,扩大可再生能源的开发利用;开发能源相关技术,降低重点领域能耗强度;合理规划城市空间形态、倡导利用清洁节能建材,推广建设节能建筑。

农业:根据夏秋作物生长期热量资源变化特点,合理安排播、栽期;加强农业基础设施建设,完善农业设施装备条件;推进农业科技创新,为农业提供科技支撑;健全产业体系,开发都市现代农业多种功能。

水资源:加强对海平面上升的监控和预警体系;加强城市工程应对防范措施;注重节水增效,强化用水技术进步;加快技术进步,转变经济发展模式。

城市可持续发展:减少气候变化对城市安全运行的不利影响,提升城市生命线工程的建设;提升城市应对极端天气气候事件的预警应急能力;以低碳理念指导城市规划和交通能源体系建设,减缓城市碳排放,缓解城市热岛效应和温室气体排放;综合考虑反应性气体、气溶胶及其相互作用对城市大气环境和人体健康的影响(专栏 4),制定科学合理的大气环境治理方案,建立城市及其邻近区域的联防联动机制。

专栏 4:城市臭氧浓度调控与绿化树种的选择

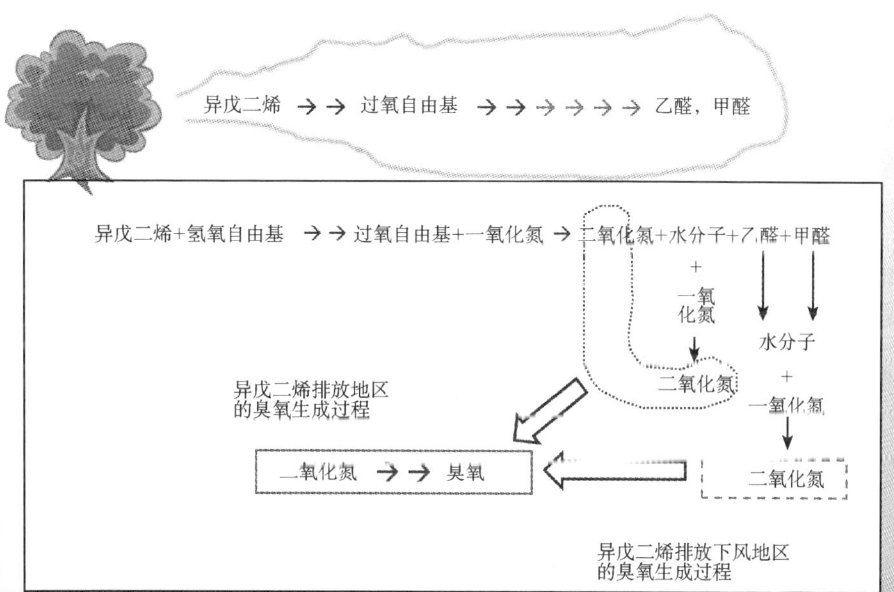

地面和飞机观测结果都表明,上海的地面臭氧形成处于挥发性有机物(VOC)控制区,降低挥发性有机物排放是目前实施臭氧调控的最有效途径。研究表明生物排放的挥发性有机物对于上海地面臭氧具有明显贡献,因此在实施城市绿化时,可考虑选择挥发性有机物排放较少的树种,通过降低生物排放减小高臭氧事件的发生风险。

第 5 章　气候变化对江苏省的影响评估

5.1　江苏省气候变化事实

本章通过对江苏省 59 站 1961—2007 年的资料分析表明，江苏省具有气候变暖、极端天气气候事件增多趋强等主要变化特征（取 1971—2000 年资料为气候平均值）。

5.1.1　气温

江苏省年平均气温常年平均值为 14.9℃，近 47 年线性上升了 1.38℃，增暖速率为 0.29℃/10 年。特别是 1994 年始上升趋势加大，其中 2006 年和 2007 年分别达到 16.2℃和 16.4℃，是有观测记录以来最高的两年（图 5.1）。

从各季节的全省平均气温变化来看，春季、秋季和冬季三个季节平均气温均呈明显的上升趋势，其中冬季最为显著，增暖速率为 0.44℃/10 年，特别是自 1986 年以来升温最为明显，自 1986 年以来只有两年略低，其他年份都高于常年平均值；春季次之，增暖速率为 0.37℃/10 年；秋季增暖速率为 0.27℃/10 年；而夏季气温没有明显的变化趋势，增暖速率仅为 0.07℃/10 年。

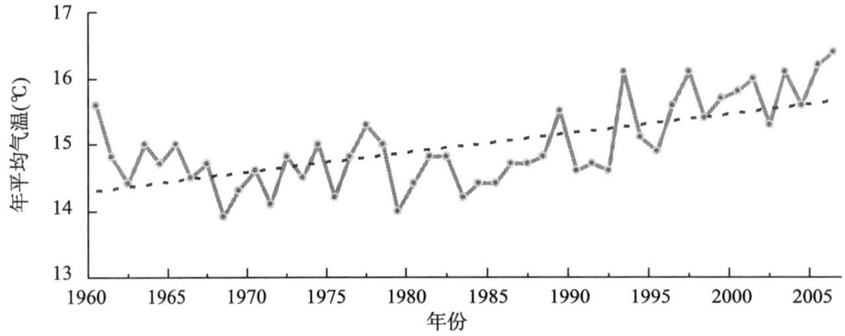

图 5.1　1961—2007 江苏省气温的变化趋势

5.1.2　降水

江苏省年平均降水量为 1003 mm，年平均降水日数 109 天，年平均降水量及降水日数自北向南递增。

江苏省年降水量年际变幅相对平稳，没有明显的上升或下降趋势，近 47 年仅增加了 37 mm，其中最大值是 1991 年 1447 mm，最小值是 1978 年 557 mm（图 5.2）。但各区域年降水量变化趋势空间差异较大，增多的区域主要在江苏省的东南部和西南部地区，减少的区域主要分布在东北部和中东部地区。

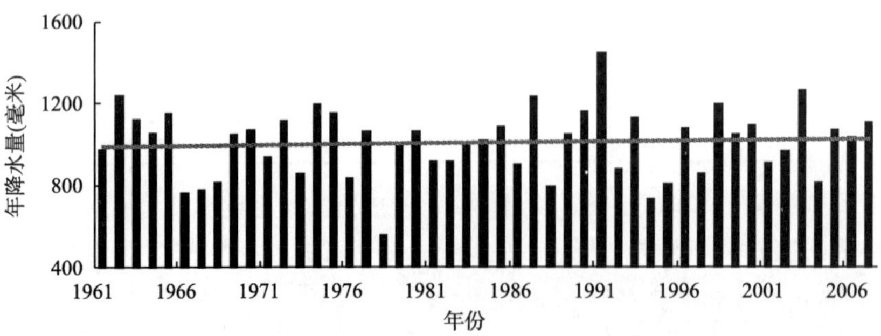

图 5.2　1961—2007 年江苏省降水量的变化趋势

特别是淮北地区的变化波动相对较大，近十几年来降水量有明显的增多趋势。

从各季降水量来看，冬季和夏季呈增多趋势，而春季和秋季呈减少趋势，其中夏季降水增多和秋季降水减少更为明显。特别是近十几年来，夏季降水较为集中，部分地区易发生较为严重的洪涝，而秋季出现大范围的干旱。

5.1.3 高影响天气

低温日数：全省年低温日数（日最低气温≤0℃）常年平均值为58.8天，有明显的减少趋势，减少速率为6.7天/10年，特别是近十几年，下降趋势加剧，1995年以后，除2005年外，其余年份都明显低于平均值。

高温日数：全省年高温日数（日最高气温≥35℃）常年平均值为6.2天。高温日数变化幅度较大，20世纪60年代偏多的年份较多，其中1967年的20.8天为历史最大值，80年代相对较少，90年代以来上升趋势比较明显，近些年始终高于常年平均值。

不同级别降水：全省平均年小雨、中雨、大雨、暴雨日数分别为79.8天、18.8天、7.3天、2.6天，从各等级降水日数的变化来看，年小雨日数有明显的下降趋势，近47年共减少了9.0天；年中雨日数有比较明显的上升趋势，近47年共增加1.7天；年大雨日数变化相对平稳，没有明显的升降趋势；年暴雨日数有缓慢的上升趋势，近十多年来偏多的年份增加。

5.2 已观测到的气候变化对江苏省的影响及重要举措

5.2.1 已观测到的气候变化对江苏省的影响

(1)农业

总体来说，气候变化对江苏农业的影响总体上是负面效应大于正面效应。大气二氧化碳浓度增加造成气候变暖，改善了江苏省农业生产的热量条件，有利于作物产量提高，但气候变化引起的极端天气气候事件增多趋强，且气温升高使作物生育期缩短，并导致作物病虫害危害加剧，造成粮食作物产量不稳定性增加，给农业生产带来负面效应。

(2)能源

气候变化加剧了经济社会发展对能源需求矛盾，增加了能耗，促进了风能、太阳能等气候资源的大力开发利用，同时气候变暖也造成夏季制冷度日数和用电量的明显增加，冬季采暖度日数和用电量的减少。

(3)交通

在全球气候变暖的背景下，极端天气气候事件及气象灾害增多趋强，且多种致灾因子常相伴发生，各种不利天气对交通的影响日趋明显，除了对交通安全和畅通形成直接危害外，对其引发的次生和衍生灾害也不可低估(陈思英等，2009；陈亚玲等，2007)。气候变化对江苏省交通运输的影响主要体现在极端天气气候事件增多趋强对交通运输安全、交通设施保障、交通运营效益等均造成较大影响。

(4)水资源

气候变化与水资源的形成、转化与消耗之间具有密切的耦合关系。研究表明，气候变化对降雨量、蒸散量和径流量都有显著的影响，已经引起了中国水资源分布的变化，也必定对江苏水资源时空分布产生较大的影响(姜彤等，2005)。洪涝和干旱等极端自然灾害发生的概率的增加(田心如等，1998；朱筱英等，2005)，导致水资源波动大，加剧了水资源短缺形势和水资源供需矛盾。气候变化不仅对江苏省水资源分布有影响而且对江苏省水质产生影响，更加重了江苏水资源的脆弱性。

5.2.2 江苏省应对气候变化的重要举措

(1)农业

构建气象灾害监测预警机制，提升农村综合生产能力。通过建立与完善气象灾害监测预警机制，实施多部门参与的决策模式，提升农村防御气象灾害综合能力。

加强农业新技术开发与推广，减少农田温室气体排放，提高农田固碳潜力。农田是重要的温室气体排放源，温室气体甲烷和一氧化二氮的增温潜势是二氧化碳的几十和几百倍，同时，在加强农田固碳作用的同时，也要注意减少甲烷和一氧化二氮的排放（卢燕宇等，2005；潘根兴等，2002；邹建文等，2009）。

（2）能源

加强能源发展规划，优化能源结构。优化能源结构，发展清洁能源已经成为江苏能源利用的必由之路。目前应优化能源结构，促进能源供应的多样化。利用生物质生产电力、燃气、液化燃料以及成型固体燃料是生物质能源利用的发展方向。大力发展风能、核能、太阳能、生物质能等新能源与绿色能源。鼓励发展垃圾发电、风力发电、秸秆发电等可再生能源。

推广 CDM 项目，开发清洁能源。实行清洁生产机制，是全社会的共同目标。在新农村建设中，引导与实施面向农村的可再生能源建设项目迫在眉睫。江苏结合建设生态农村的需要，积极开展该领域内的清洁发展机制项目。

（3）交通

加强技术性应对策略，提升对气象灾害的适应能力。改善运输技术装置，对重点地区及重点季节进行气象灾害的重点防范，提升运输系统应对气候变化的能力。改进交通标志，加强警示性；落实防御气候灾害措施，提升运输系统应对气候变化的水平。改进交通气象监测预报系统和信息传输显示系统，加强对驾驶人员应用气象信息的宣传力度，增强驾乘人员应对恶劣天气的防范意识，提升应对气象灾害的能力。

倡导公共交通，减少尾气排放。大力提倡公共交通，鼓励与引导公众参与公共交通建设与使用；探索机动车环保收费对象、原则、标准及措施；采取鼓励购置低排量机动车与适当限行政策，减缓二氧化碳、甲烷等尾气排放量，缓解大气环境质量的劣变（王艳等，2003；陆玉龙，2009）。

（4）水资源

加强水利基础设施建设，维护水利设施安全。水利基础设施是提高防洪、抗旱、供水能力及应变能力的重要保障。重要的适应措施是有计划地评估水库大坝、防洪堤等水利工程由于洪水的量级、频率和历史变化可能增加的潜在风险。在现阶段，加大水利基础设施的投入，包括水库、堤防、分蓄滞洪区的建设，使其具有足够的坚固性、可靠性与可恢复性。

促进水利科学技术研究与推广，开发利用非传统水源。一个流域或地区水资源硬件与软件的科技含量和水平是鉴别其是否能适应气候变化能力的重要标志之一。江苏省客水资源丰富，难以控制利用的洪水量大。在洪水期，利用水库、河堤等流域防洪工程体系，采用优化调度等非工程措施将洪水拦蓄应用，实现资源最大化；江苏省人口众多，经济比较发达，也是水污染比较严重的省份。利用先进的污水处理技术，加大污水处理和中水回用力度，对改善水环境、解决水资源供需矛盾具有重要的现实意义。

5.3 江苏省未来气候变化趋势、可能影响及对策建议

5.3.1 江苏省未来气候变化趋势及可能影响

（1）江苏省未来气候变化趋势

利用区域气候模式 RegCM3，预估了江苏省未来温室气体不同排放情景（A2、A1B、B1）下的气温和降水变化，结果表明，未来 30 年（2010—2039 年）江苏省年平均气温呈增加趋势，三种排放情景下分别增加 0.38℃/10 年，0.45℃/10 年℃，0.25℃/10 年，而年降水量呈明显下降趋势，三种排放情景下分别减少 5.17 mm/a，1.04 mm/a，1.40 mm/a。预计未来夏季全省高温热浪事件将可能更为频繁，部分区域夏季酷暑日数可能增多，暖冬与热夏的次数可能增加，强降水事件增多，台风和强对流天气可能更强，冬季寒潮冰冻天气将可能继续减少。干旱近期呈现短暂的阶段性特征，远期可能会总体增加频次

和持续时间；雨涝将持续减少。

(2)未来气候变化的可能影响

农业：未来气候变暖使得热量资源更为丰富，将使江苏省作物生育期可能会进一步缩短。作物冷冻害将会减少，但高温热害的增多对夏季作物有不利影响，作物产量的不稳定性可能继续增加。暖湿的天气有利于病、虫、草害加剧，农药、除草剂的施用量随之增加。

能源：按照目前的经济增长模式和能源需求，未来气候变暖将导致江苏省能源消耗继续上升，而能耗的增加也势必导致温室气体排放量的增多，从而加剧了未来气候变暖趋势。

交通：未来气候变暖、极端天气气候事件及其气象灾害增多，直接或者间接将对交通的运输安全造成影响。直接的影响表现在高温等灾害性天气对交通环境状况均造成很大的影响，且夏季的高温和冬季的低温将直接影响交通工具性能，而气候条件对驾驶员的体能和应变能力及对乘客出行舒适度的影响则为间接的影响。

水资源：未来几十年，长江流域降水呈上升趋势，而淮河流域气候趋于暖湿，年径流量以减少为主。未来江苏省干旱事件将继续加剧，水资源短缺矛盾将会加剧，且水资源的脆弱性将加剧。

5.3.2　江苏省未来适应气候变化对策建议

调整作物种植结构，提高农业适应气候变化能力。根据作物的气候适应性以及产业发展布局的新特点，调整作物种植布局和结构，推广和发展特色农业及设施农业(陈书涛等，2009)。各地应实施样板工程，典型带动，以特色兴产业，以优势促发展，加快农业结构调整，形成独具特色的品牌，打造一大批高效农业规模化经营示范模式。

构建节能减排体制，落实节能减排措施。在未来的发展中必须注重降低单位GDP碳排放，争取公共财政政策对节能减排工作的支持，加大对节能环保技术的研发与推广力度，构建各行业节能减排的制度与措施，逐步建立指导全省节约能源的政策法规与技术保障体制。强化传统工业产业改造和升级换代，开展煤炭、石油等燃料多种利用技术研发与推广技术。不断提高节能降耗的工艺技术和装备水平，重点发展公共交通、节能建筑，提倡公众环保低碳的生活方式。

建立交通气象灾害监测预警系统，预防灾害性天气危害。在现有交通管理模式的基础上，应用新的技术手段，建立交通运输防御气候灾害指挥系统十分必要。特别是建立气候异常预测及预报系统、交通基础设施管理系统、灾害及事故疏导救援系统以及交通运输防灾减灾资料信息库，发挥多种技术平台的综合功能，共同缓解气候变化的负面效应，保障旅客运输、城市公交、道路保障、港口码头、水上运输等交通安全(缪金祥，2008)。

构建科学的水利管理体系，改善现有水利工程的运行方式。江苏水系密布，对水系发达而又污染严重的江苏来说，实行以自然流域为单元、统一高效的现代化管理，是克服无序的用水竞争的重要体制改革内容。建立科学的水资源管理体系，强化水资源的统一管理和保护，逐步建立适应气候变化和水资源可持续利用的水行政管理体制。适应气候变化的另一个重要方面是通过建立更灵活的现有工程运行方案，更好地利用现有的水资源。

第6章　气候变化对浙江省的影响评估

6.1　浙江省气候变化事实

在全球变暖的背景下，浙江省的气候也出现了气温变暖、极端天气气候事件增多等变化。为研究这种变化，采用相对完整、通过均一性检验的气象站资料进行研究，取1971—2000年资料为气候平均值，得出以下结果。

6.1.1　气温

自1961年以来，浙江省年平均气温逐渐升高，1961—2007年的增温趋势为0.26℃/10年（图6.1）。20世纪60年代气温明显下降，70年代到80年代初期气温变化幅度较小；80年代中期以后气温快速上升，增温率为0.68℃/10年。近50年，年平均气温最低值出现在1976年为16.2℃，最高值为2007年的18.6℃，二者相差2.4℃。

各季节的平均气温变化不尽相同，对气候变暖贡献最大是冬季，增暖率为0.34℃/10年，其次是春季，增暖率为0.28℃/10年，而夏、秋季平均气温升高较少，增暖率分别为0.14℃/10年、0.18℃/10年。

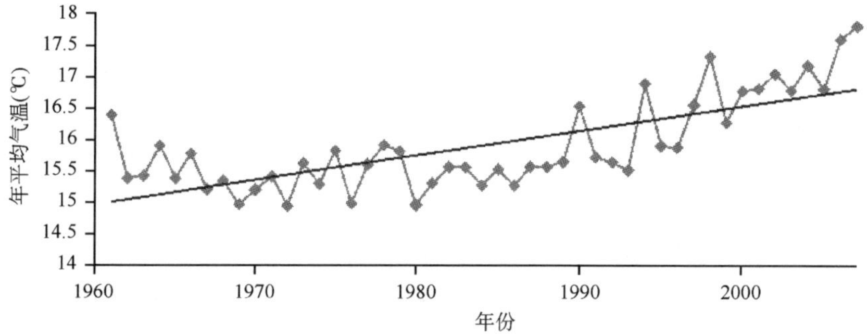

图6.1　浙江省年平均温度历年变化

6.1.2　降水

1961年以来，浙江省年降水量总体有微弱增加，1961—2007年的增加趋势为39.2 mm/10年（图6.2）。其中1972—1973年和20世纪80年代后期出现了大幅度增加，在2002—2003年出现了突变性减少。全省各季节的降水量则出现不一致的变化，其中夏季、冬季降水趋于增加，而秋季、春季则趋于减少，这加大了秋季干旱的发生概率。年平均降水日数1961—2007年总体上有所减少，减少趋势为2.4天/10年。

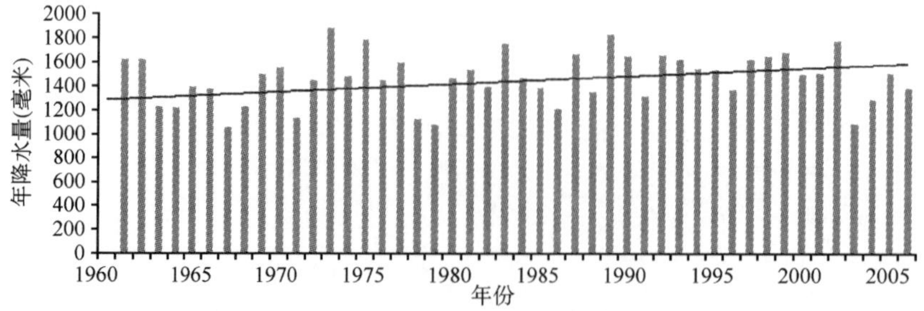

图6.2　浙江省年降水量历年变化

6.1.3 高影响天气

热带气旋：近 50 年影响浙江热带气旋的强度和频率明显加强和增多，登陆浙江的热带气旋 20 世纪 50 年代平均每年不足 0.5 个；60 年代更少，70 至 90 年代期间登陆个数变化不大，平均每年 0.68 个；2000 年以后，登陆热带气旋的个数有所增加，年平均达 1.5 个，数量比过去增加了 1 倍。同时登陆热带气旋数则有增多趋势，热带气旋来得更早，去得更晚，而且严重影响的热带气旋明显增多，强度增大。

暴雨：1961—2007 年浙江省年暴雨日数有所增加，增加率为 0.2 天/10 年。浙江省暴雨主要分布在西部、南部和东南沿海地区，其中东南沿海地区受热带气旋的影响，大暴雨和特大暴雨出现较多。

高温低温日数：浙江省高温（日最高气温≥35℃）日数从 1961—2007 年呈现增多趋势，递增率为 1.5 天/10 年。其中在 20 世纪 60 年代到 70 年代初期，高温日数有所减少；70 年代到 80 年代中期高温出现较少，其后高温日数上升明显。低温（日最低气温≤0℃）日数从 1961—2007 年间一致减少，递减率为 4.1 天/10 年。

干旱：近 50 年干旱呈现振荡走势，20 世纪 60 年代及 90 年代以后，干旱维持时间较长，而在 70 年代中期和 80 年代干旱影响时间较短。因春秋季降水量的减少，这两季干旱增多，而降水日数减少，降水集中，造成干旱强度有所增加。

雾霾：浙江省霾日数稳步增加，20 世纪 60 年代到 80 年代中期增速较慢，年霾日数平均为 4.6 天。80 年代后期随着经济的发展，浙江省霾日数沿幂数拟合曲线快速增长；进入 2000 年以来，增长速度进一步加快。1961—2007 年浙江省年雾日数变化主要分为两个阶段，20 世纪 60 年代到 80 年代初期呈明显上升趋势，递增率是 7.3 天/10 年；80 年代中期以后主要呈现快速下降趋势，其递减率为 8.4 天/10 年。

6.2　已观测到的气候变化对浙江省的影响及重要举措

6.2.1　已观测到的气候变化对浙江省的影响

（1）能源

气候对能源消费的影响主要表现在生活中的冬季取暖和夏季降温能耗。从浙江省 1961—2007 年采暖度日变化趋势看，采暖度日的变化主要分为两个阶段，20 世纪 60 年代—80 年代中期基本不变略有增加，20 世纪 80 年代中期开始，冬季变暖趋势显著，采暖度日急剧减少，速率为 96.4 度·日/10 年；进入 21 世纪继续减少，年际波动加大。从浙江省 1961—2007 年制冷度日变化趋势看，制冷度日呈现出先减少后增加的变化趋势，2003 年最高（488.7 度·日），1974 年最低（242 度·日）。1961—1982 年间，制冷度日以 42.6 度·日/10 年的线性趋势减少，但变化趋势在统计上不显著；而在 1982—2007 年期间，空调度日以 50.6 度·日/10 年的线性趋势显著增加。从年代际上来看，在 20 世纪 70 年代和 80 年代，浙江省的年均制冷度日较低，分别为 127 度·日和 143 度·日，其他时期制冷度日较高，特别是 21 世纪以来，制冷度日数增加十分明显。总体来看，气候变暖减少了采暖能耗，但大幅度增加了制冷能耗。

（2）水资源

根据浙江省降水量及水资源总量系列统计，1961—2007 年间，全省年水资源量丰、枯年出现年数基本相当。与年降水量变化类似，1961—2007 年间全省总水资源量略有增加但无明显的变化趋势。气候变化对兰江流域内水资源影响较大，由于兰江流域内水资源空间分布差异较大，致使流域内人均水资源占有量较少的金华地区易受气候变化影响而出现供水紧张（康丽莉等，2007）。海平面上升直接影响浙江省沿海河流的水环境，从而对沿海地区人民生命财产安全和社会经济发展构成威胁，海平面上升抬高了感潮河段和滨海平原水位，增加了城镇和农田排水的困难，加大了咸水入侵河流的次数和入侵距离（周黔生，2002）。

（3）农业

气候变暖给全省热量资源及分布区划带来了明显的变化，热量条件的改善造成作物生育期普遍缩短，全省复种指数明显提高，有利于农业的生产活动。而冬春季节气温变暖，越冬作物冻害发生几率降低，由于气候变暖导致作物抗寒能力下降，或发育期提前，故春秋季霜冻对作物的实际危害并未减少；气候变暖还导致害虫越冬容易，造成农业病虫害的发生区域扩大，致灾面积增加。另一方面，1961—2007年全省大部地区年日照时数减少350～450小时，农作物光合作用不充分，成为影响作物产量不稳的一个重要因素。同时气候变化造成干旱、热带气旋、暴雨等极端气候事件及气象灾害的频发增加了农业生产的不稳定性，往往使畜牧业在短期内受到严重损失，甚至在局部地区对畜禽养殖带来毁灭性灾害。

(4)旅游

对浙江省海洋旅游行业来说，由于气候变化造成了干旱的影响程度加重，延长了旅游气候不舒适期，极大地降低了海洋旅游的气候舒适度，导致旅游人数减少。而暴雨、热带气旋的增多给景区造成了较大的破坏。另一方面，由于气候变化造成高温热浪的多发，人们对海洋旅游的需求不断加大；海洋旅游很大程度是受制于交通条件，雾、大风日数、雷电的减少，对交通的影响因而减弱，因此又可以增加旅游人数及收入。

6.2.2 浙江省应对气候变化的重要举措

(1)能源

近年来，浙江省在提高能源利用效率促进节能降耗方面成效显著。组织实施十大节能工程和100余项重大节能示范项目，强化1311家年耗能5000吨标准煤以上的重点用能企业的监管。“十一五”以来，浙江省能源利用效率三年累计提升约2.6个百分点。至2008年年底，全省风力发电总装机容量14.8万千瓦，装机容量约占全省陆域风能资源经济可开发量的29.4%。本省域内核电总装机容量307万千瓦，占全省电力总装机容量的5.8%。全年核电生产电量238亿千瓦时，占全省总发电量11.2%。全省累计推广太阳能热水器800万平方米，太阳能热水器产值80亿元，产量700万平方米，约占全国产量的25%。已建成投产的垃圾焚烧发电机组装机容量28.7万千瓦，年发电量约13.3亿千瓦时。垃圾、生物质焚烧发电热电联产比重明显上升，城镇垃圾及生物质焚烧处理能源利用效率明显提高。全省农村清洁能源利用率已达65%。

(2)水资源

大力推进节水型社会建设。浙江省万元GDP取水量和万元工业增加值取水量呈明显下降的趋势，分别从2000年333立方米和172立方米，到2005年降为156立方米和91立方米。工业用水重复利用率提高到60%；灌溉水利用系数提高到0.56。积极推广海水淡化、中水回用等水资源的利用。农业灌溉用水所占比重下降，亩均年灌溉用水量从2000年508立方米，到2005年降为414立方米，有效灌溉面积占耕地面积从2000年87%，到2005年增加为94%。通过水资源综合开发利用，农村水电装机累计达到200万千瓦。

(3)农业

优化农业产业结构和区域布局，提高农业综合效益和市场竞争力。2005年全省农林牧渔总产值1428.3亿元。畜牧业实施“西进东扩”战略，带动全省畜牧业总量稳定增长和区域协调发展，初步形成了现代畜牧产业格局。农业基础设施建设力度加大，持续发展能力得到增强。清洁化生产越发受到关注，畜禽排泄物、生活污水净化治理不断加强。

6.3 浙江省未来气候变化趋势、可能影响及对策建议

6.3.1 浙江省未来气候变化趋势、可能影响

根据IPCC所设定的三种排放情景中等排放(A1B)、高排放(A2)、低排放(B1)，结果表明2011—2030年浙江省气温呈增加的变化趋势，只是增温幅度略有差异，A1B情景下表现出2011—2030年浙江省气温增温幅度最大，达到0.30℃/10年；B1情景下增温幅度为0.25℃/10年；而A2情景下增温幅

度最小，为 0.17℃/10 年。三种情景下的增温均通过了 0.05 以上的显著性水平检验，说明未来 20 年，浙江省将会持续明显的增温趋势。整体上 2011—2030 年三种情景下浙江省降水呈现增加的趋势，A1B 增加幅度为 2.2 mm/10 年，B1 为 35.8 mm/10 年；而 A2 情景下浙江省降水增加幅度达到 33.2 mm/10 年。从全省平均来看，三种情景下的降水变化均没有通过显著性检验。

因气温升高明显，届时暖冬和夏季高温更多，浙江气候向暖干化发展，但夏季降水日数在大部分地区有减少趋势，暴雨等强降水将会频繁出现。浙江省未来极端天气增多，干旱、高温热浪及台风强度也将增大，浙江省沿海海平面将继续上升，沿海地区遭受洪涝、风暴潮以及其他自然灾害的频率可能加大。

6.3.2 浙江省未来适应气候变化对策建议

(1)能源

积极推进节能技术进步，强化废弃物管理和激励政策，提高资源化利用率。加强森林资源管理，增加森林资源，促进自然生态恢复。积极推进清洁可再生能源的建设，开发风能发电装备和风电场建设，快速推广太阳能的应用，重点开发生物质能转化效率和综合利用技术，积极推进核电建设。

(2)水资源

强化水资源管理，加强水利基础设施建设，积极推动节水型社会建设。组织开展各行业节水工作，提高水资源利用效率和效益。加大水资源配置和节水技术开发推广。提高海岸带抵御能力，强化应对海平面升高的适应性对策。加强对海洋及海岸带生态系统的监管，进一步完善沿海防灾减灾体系，规范海洋生态环境监测和灾害预警机制，形成以海洋自然保护区和海洋特别保护区为重点的“蓝色屏障”，增强应对气候变化能力。

(3)农业

大力发展高效生态农业。合理调整生产布局，加快建立能有效防御自然灾害的生产体系，全面落实农业发展规划，合理规划品种布局，推广新颖实用技术，加强农田基础设施建设。推进农业生产过程的生态化，大力推进循环农业的发展，进一步优化农作制度。

(4)防灾减灾

加强应对气候变化与极端天气气候事件能力建设。加大应对气候变化研究投入，加强应对气候变化能力的提升，建立健全防御极端气候灾害的体系和机制，完善应对极端灾害天气的应急体系，加强应对极端天气气候事件能力建设。

第7章 气候变化对安徽省的影响评估

7.1 安徽省气候变化事实

7.1.1 气温

1961—2007年,安徽省各地年平均气温上升了0.5～1.5℃,平均约为1.0℃(图7.1),全省平均增暖速率为0.22℃/10年,与全国平均增暖速率一致(《气候变化国家评估报告》编写委员会,2007)。特别是20世纪90年代以来增暖速率明显加快,达到0.85℃/10年。

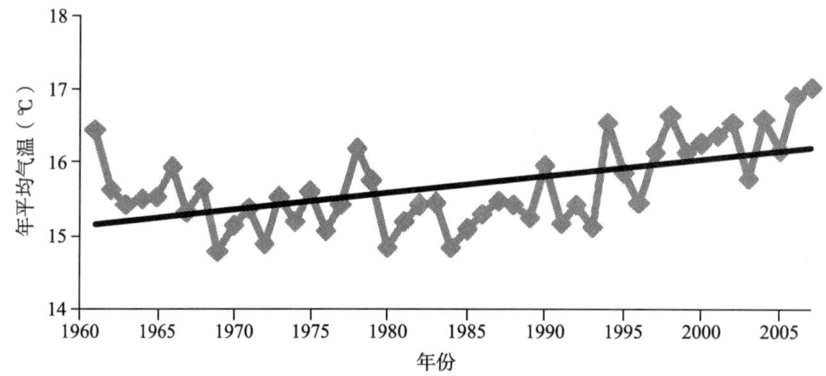

图7.1 1961—2007年全省年平均气温变化

四季平均气温变化趋势不完全相同,冬、春、秋季气温均为增暖趋势,夏季气温没有明显变化趋势,呈波动特征。冬季气温上升趋势最为明显,增暖速率高达0.38℃/10年;春季次之,增暖速率为0.30℃/10年;秋季为0.21℃/10年。季节更替出现变化,入冬推迟、冬季变短,入春提前、春夏季变长。

7.1.2 降水

1961—2007年,安徽省年降水量呈不明显的增加趋势(图7.2),增加量为121 mm,平均速率24.2 mm/10年。全省降水日数呈减少趋势(速率为−2天/10年)。雨日减少而降水总量增加,说明降水强度总体是增加的。

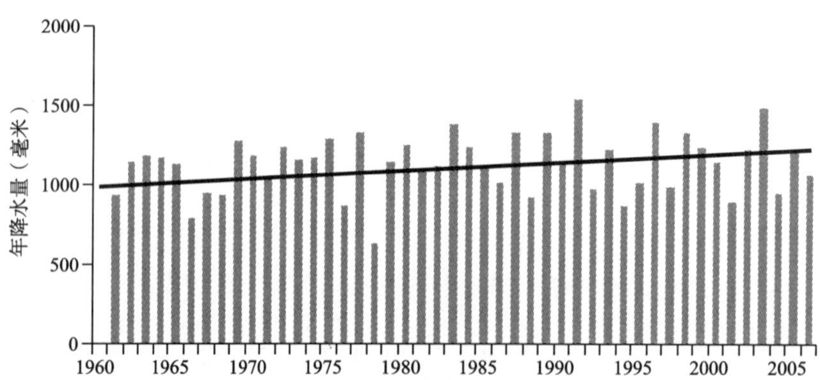

图7.2 1961—2007年全省年降水量变化

由于降水的局地特征,全省年降水量增加速率空间差异较大。除了江南中部为减少趋势以外,全省大部分地区降水呈增多趋势，其中淮北降水量增加速率达 40～65 mm/10 年，为全省平均速率的 2～3 倍。各季降水量中，冬、夏季呈增多趋势，而春、秋季略微减少。夏季降水增多趋势最为显著。

7.1.3 高影响天气

低温：同平均气温一样，全省冬季极端最低气温、平均最低气温也呈大幅升高趋势，增暖速率分别达 0.76℃/10 年、0.55℃/10 年；全省低温日数（日最低气温≤－5.0℃的天数）显著减少（速率为－3 天/10 年），倒春寒、秋分寒（寒露风）明显减少。

高温：全省高温日数（日最高气温≥35.0℃的天数）具有明显的年代际变化特征，20 世纪 60—70 年代为高温日数偏多时期，有气象记录以来高温日数最多的三个年份 1966 年、1967 年和 1978 年均出现在此阶段，20 世纪 80—90 年代为高温日数偏少时期，但进入 21 世纪以来，全省高温日数有回升趋势。

强降水：近 50 年来，极端强降水的频率正在增加，在 21 世纪的前 8 年，全省特大暴雨（日降水量≥250 mm）就已出现 15 站次，其中 2005 年、2008 年特大暴雨分别出现 5 个和 4 个站次，增加明显。

雷暴：近 50 年，全省雷暴日数总体呈下降趋势，速率为－4.6 天/10 年，20 世纪 60—70 年代为雷暴多发期，目前处于低位。类似地，冰雹在 70 年代之前是增加的，之后转为减少趋势。近年来龙卷发生次数也有下降趋势。但近年来灾情统计结果显示，全省因雷暴、冰雹、龙卷等强对流天气造成的损失严重。

7.2 已观测到的气候变化对安徽省的影响及重要举措

安徽省是农业大省，境内江河湖泊众多，煤炭资源丰富，气候变化对农业、水资源和能源领域造成较大影响。

7.2.1 已观测到的气候变化对安徽省的影响

(1)农业

气候变暖改善了农业生产的热量条件，作物生育期普遍缩短，复种指数明显提高。极端气候事件增多，作物产量波动加大，农业生产的气候不稳定性增加，尤其是最近几年气候变化对农业生产的负面影响已经显现。气候变暖导致农业病虫害的发生区域不断扩大，同时农药使用量明显增加。

安徽省天气气候复杂多变，气象灾害频繁，给农业生产带来严重损失。根据民政部门 1996—2007 年统计，各类灾害中以暴雨洪涝对农业造成的危害最大，其次为旱灾。目前气象灾害给全年农业生产造成的损失至少有 100 亿元；随着经济的发展，如果不采取有效的防灾减灾措施，这个数字还将上升。综合而言，气候变化对安徽农业的影响总体上是弊大于利。

(2)水资源与水环境

最近 50 年，安徽省降水资源总量呈不明显的增加趋势，其中淮河流域 20 世纪 90 年代前基本为下降趋势，2000 年以来上升明显，长江流域变化趋势不明显（姜彤等，2009）。淮河流域和长江流域的实测径流量多呈下降趋势（《气候变化国家评估报告》编写委员会，2007；张建云等，2007）。淮河与长江流域的大型水库年径流深度与年降水量对应非常一致，径流深的极端值年份与安徽省历史典型旱涝年份也十分吻合，如 1978 年、1994 年、2001 年的大旱，1954 年、1963 年、1991 年的大涝。气候变暖易使水质恶化，巢湖蓝藻暴发更频繁。

(3)能源

气候变化导致安徽省能源需求量不断增加，用电量和用电负荷不断上升，其中夏季平均气温的高低对全年能耗的贡献最大。度日是衡量建筑能耗（采暖或制冷）的一个指标（谢庄等，2007）。近 50 年来，安徽省采暖期度日减少趋势明显，减少速率为 35.3℃·天/10 年；制冷度日以 20 世纪 80 年代为“分水岭”，呈现出先减少后增加的变化特征。

7.2.2 安徽省应对气候变化的重要举措

(1)农业

加强农业基础设施建设,抵御旱涝灾害。针对旱涝灾害频繁发生情况,安徽省加强农田水利设施建设,全省有效灌溉面积和节水灌溉面积明显增加;通过成片开发治理,大幅度提高了粮食综合生产能力。此外,建立适合不同区域特点的节水农业模式,在江淮分水岭和皖北缺水地区扩大了节水作物品种和种植面积。

调整农业产业结构,建设作物优势产区。根据热量和水分时空分布特点,建立了 10 个小麦重点县和 15 个水稻重点县,40 万公顷小麦核心示范区和 3.33 万公顷水稻核心示范区,培育和扶持了 6.67 公顷(100 亩)以上的种粮大户有 7953 户,不但促进了粮食规模化生产,而且起到了很好的示范带动作用。

推广农业新技术,减轻极端气候事件危害。近年来安徽省重点推广了优质高产良种、科学播种技术、测土配方施肥和病虫综合防治等多项关键技术,实施了小麦高产攻关活动、水稻产业提升行动和玉米振兴计划。粮食作物产量在克服不利气候条件下,近年来单产和总产不断增加(胡永年,2008)。全省玉米种植面积和产量也不断提升。

(2)水资源

防洪减灾体系不断完善。淮河流域是安徽水患之地,长期以来安徽省在治淮方面开展了大量的工作,有力提高了气候变化适应能力。长江干流建成了功能齐全的防洪、灌溉、除涝三大工程体系。建设和完善全省雨情、水情信息监测网络,建成水利信息高速传输网络,实现防汛抗旱异地会商(纪冰,2007)。

水资源安全保障水平不断提高。针对安徽北部降水量较少、水资源相对匮乏的现状,近年来实施引江济淮、淮水北调等水资源配置骨干工程,在丘陵、山区和江淮分水岭地区,开展雨水积蓄利用。实施引江济巢工程,完善了淮河、巢湖等重点水域水污染监测体系,加快城市污水集中处理设施建设。长江、淮河流域 732 家重点污染源全部做到持证排污,实施淮河流域污染联防和巢湖蓝藻防控,加强水质监测与预警,确保了水质安全。

(3)能源

关停小发电机组,降低供电煤耗。组织实施关停小发电机组和代发电量工作,供电煤耗从 2000 年的每千瓦时 375 克标准煤降低到 2005 年的每千瓦时 357 克标准煤,从而有效降低温室气体的排放强度。

发展清洁能源,优化能源结构。全省清洁能源发展步伐明显加快,煤炭在全省能源结构中的比例在“十五”期间降低了 7 个百分点。气象部门在前期风能普查的基础上进一步开展风能资源详查,确定了风能重点开发区域、风能资源潜能较大区域和需进一步考察的潜在开发区。省发改委将风能发电列入“十二五”新能源发展重点规划。

加大节约能源力度,提高能源效率。组织重大节能技术示范和推广活动,万元 GDP 能耗由 2000 年的 1.68 吨标准煤降到 2005 年的 1.36 吨标准煤,五年内累计节能 1450 万吨标准煤,相当于减少二氧化硫排放 22 万吨,减少二氧化碳排放 3146 万吨。

发展循环经济,减少工业生产排放。积极探索循环经济试点,加强固体废弃物管理和循环利用,重点组织实施了煤矸石、粉煤灰等大宗固体废物综合利用,全省县以上工业废渣综合利用率已由 2000 年的 71.6%提高到 2007 年的 82.2%,利用量由 2014 万吨提高到 4909 万吨。两淮地区高瓦斯以上重点煤矿,大部分建立了地面永久瓦斯抽排系统和井下移动抽排泵站,年抽排量达到 1 亿立方米以上。

开展清洁发展机制(CDM)项目。在清洁发展机制项目开发方面取得较大进展。截至 2009 年 7 月,全省共有 47 个 CDM 项目获国家发展改革委员会批复,其中 10 个在世界 CDM 执行理事会成功注册,温室气体减排成效显著。

7.3 安徽省未来气候变化趋势、可能影响及对策建议

7.3.1 安徽省未来气候变化趋势及可能影响

(1)安徽省未来气候变化趋势

利用全球模式 CCSM3 预估资料驱动 RegCM3 进行未来 A1B 情景(中等排放)、B1 情景(低排放)和 A2 情景(高排放)下安徽省气温、降水预估。

三种情景下安徽省预估的年平均气温均呈增加趋势,B1 情景升温趋势最大(0.52℃/10 年),A1B 情景次之(0.40℃/10 年),A2 情景升温趋势最弱(0.29℃/10 年)。三种情景下安徽省预估的年降水量变化趋势呈下降趋势。A1B 情景下降趋势最大(−4.84 mm/10 年),B1 情景次之(−2.24 mm/10 年),A2 情景最小((−1.33 mm/10 年)。

(2)未来气候变化的可能影响

农业:在品种和生产水平不变的前提下,未来气候变暖将使安徽省复种指数进一步提高,作物生育期可能会进一步缩短。作物冷冻害将会减少,但高温热害的增多对夏季作物有不利影响,不稳定性可能继续增加。暖湿的天气有利于病、虫、草害加剧,农药、除草剂的施用量随之增加。总之,未来气候变化对安徽省农业及农民生计的影响仍然以负面为主(伊文,2010;姚润丰,2004)。

水资源:未来安徽省一方面在某些地区洪涝频发,另一方面在农业种植区和人口密集地区水资源短缺矛盾将会加剧,水生态形势也非常严峻。水资源的时空分布不均,将对水利基础设施以及跨省、跨区域调度等水资源管理产生重要影响。

能源:按照目前的经济增长模式和能源需求,未来气候变暖将导致安徽省能源消耗继续上升,而能耗的增加也势必导致温室气体排放量的增多,从而加剧了未来气候变暖趋势(汪淋津和杨佳元,2009)。安徽是能源开发和消费大省,能源问题必将成为安徽省未来经济增长的严重约束之一(沈卫国,2008)。

7.3.2 安徽省未来适应气候变化对策建议

加强农业综合治理,加大农业新技术推广应用。针对未来气候变化对农业的不利影响,通过统筹推进淮河支流和低洼地的综合治理,解决"关门淹"问题;淮河流域行蓄洪区建立"宜农则农,宜草则牧,宜水则养"的农业结构体系,变对抗性生产为适应性生产,以减轻防汛压力和洪涝灾害。其次是调整农业结构和种植制度,逐步改善粮经饲三元结构,大力发展名特优新产品生产。农业技术方面,重点推广优质高产良种、科学播种技术、测土配方施肥和病虫综合防治等多项关键技术;继续实施小麦高产攻关活动、水稻产业提升行动和玉米振兴计划,稳定和提高粮食产量。农业防灾减灾信息方面,建立农业气象灾害监测预警系统,开展精细化农业气候区划和风险评估,实现农业气象服务信息的全面覆盖。

完善水利基础设施建设,提高水资源调控能力。淮河流域应继续加强治淮骨干工程建设,建成以水库、河道堤防、行蓄洪区和控制性枢纽为主体的流域防洪工程体系;充分发挥现有水利工程的科学调度作用,实现水利设施最大效益。长江流域应着重提高大堤保护区及重要城市防洪标准,保障流域防洪安全;通过水资源调控工程和江湖水库连通工程建设,提高水资源的调控能力,解决供水安全问题。

优化能源产业结构,提高资源综合利用率:淮北地区加快煤炭工业结构调整,提高产业集中度和技术能耗水平,实现集约化、集团化、循环发展;另一方面,加大煤炭资源深加工力度,提高煤炭洗选率,加强煤层气和煤矸石等煤炭资源的综合利用。此外,合理调整能源布局和能源供给结构,最大限度地降低能源消费强度和碳排放强度。

第8章　气候变化对福建省的影响评估

8.1　福建省气候变化事实

8.1.1　气温

1961—2007年，福建省年平均气温升温速率为0.19℃/10年（图8.1），低于全国平均升温率0.22℃/10年（气候变化国家评估报告，2007）。从年代看，1990年代以来变暖明显；从季节看，冬季变暖更为显著；从区域看，升温速率较快的地区在福建中东部和南部沿海。

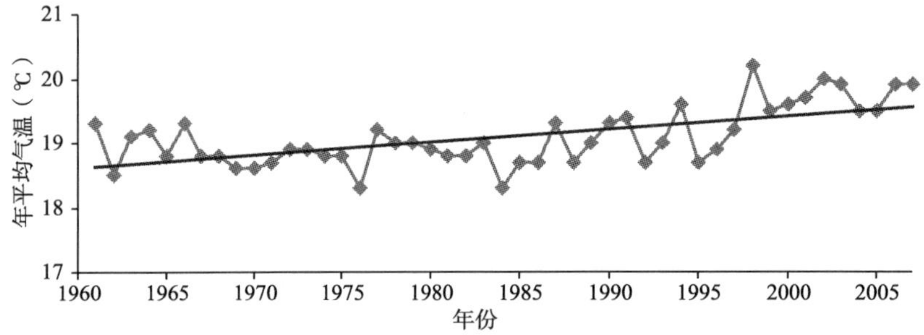

图8.1　1961—2007年福建省年平均气温变化

8.1.2　降水

1961—2007年，福建省年降水量呈微弱增加趋势，增加速率为23.1 mm/10年（图8.2）。从地区看，福建省大部分地区呈增加趋势，以东南部沿海为甚。年降水日数呈减少趋势，以小雨日数减少最明显；年暴雨日数则有所增加，这一特征在雨季尤其明显。

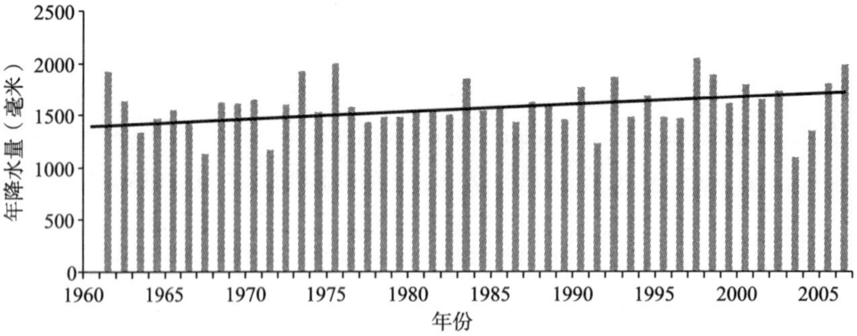

图8.2　1961—2007年福建省年降水量变化

8.1.3　高影响天气

高温、低温：1961—2007年，福建省年高温日数（日最高气温≥35℃）呈增多趋势，尤其自2000年以来明显偏多；年低温日数（日最低气温≤0℃）呈减少趋势，1980年代末以来减少明显。

热带气旋：1961—2007年，登陆或影响福建省热带气旋个数略有减少趋势，尤其1990年代至今个数持续偏少。在登陆或影响福建省的热带气旋中，强台风、超强台风所占比例为42.3%，特别是2001年以来，强台风、超强台风所占比例明显增加。

雾和霾：1961—2007年，福建省雾日整体上呈现前增后减的趋势，1960—1980年代雾日略有增多，1980年代后雾日减少趋势显著。相反福建省霾日却呈现增多趋势，尤其2000年后霾日增多显著，这与城镇发展，空气中气溶胶颗粒增多有一定关系。

8.2　已观测到的气候变化对福建省的影响及重要举措

8.2.1　已观测到的气候变化对福建省的影响

(1)农业

过去近50年，气候变化对福建省农业气候资源、农业种植制度、农作物产量以及农业气象灾害和病虫害等均产生了明显的影响。表现为：水稻、冬小麦和甘蔗等主要作物生长期不同阶段的积温、降水量和日照等气象要素的变化；气候变暖和降水变化使水稻的熟制种植高度和冬小麦种植区范围发生变化；对不同区域的农作物产量影响利弊均有，总体上对早稻的产量影响不明显，对晚稻高产有利，不利于冬小麦和甘蔗的高产(吴杏春等，2001；陈惠和林添忠，1999；陈惠，2003)；农业旱灾呈减少趋势，低温冻害、洪涝和风雹灾害的灾情呈增加趋势(张星等，2009)，不同区域的“倒春寒”、“五月寒”和“秋寒”发生频次有不同变化，农业病虫害，如褐稻虱的范围、虫源和繁殖世代扩大、增加(蔡文华和陈惠，2000)。

(2)林业

气候变暖，尤其暖冬，有利于林业有害生物(病虫)越冬存活、发生发展和分布区域北移。另外，雨日减少、暴雨增多也增加了林区森林防火和防暴雨洪涝的压力。

福建省在我国红树林地理分布、发展进程中具有特殊意义，是我国目前红树林自然分布最北的省份。气候变暖有利于福建红树林的生长以及分布区域的北移，热带气旋、低温冻害等极端气候会对红树林造成不同程度的危害(陈小勇和林鹏，1999)。

(3)能源

福建省太阳总辐射量(以福州辐射观测站为代表站)变化以自然变动为主，1960年代至1970年代初期、1990年代中期至2007年为太阳总辐射的高峰期。总的来说，福建省在太阳能应用上具有较好的时空条件，年平均总辐射量每平方米3800～5400焦耳，东南沿海太阳辐射总量明显偏高。

福建省陆地风能资源分布由沿海向内陆递减，其中沿海及其岛屿的风能资源属于全国风能资源最丰富地区之一，根据2005年风能普查结果，全省风能储量5.71×10^6千瓦，有较大的开发利用前景。近年，福建省风能资源发展迅速，2008年全省风电装机容量达25.975万千瓦，较2005年的5.2万千瓦增长了约4倍。

以18℃和26℃作为福建省取暖度日和降温度日的基础温度。近40年，福建省降温度日呈显著的上升趋势，制冷能源需求增多；取暖度日呈明显的下降趋势，采暖能源需求减少。

(4)交通

福建省影响交通的气候因素主要有暴雨洪涝、低温冰冻、高温热浪、浓雾或低能见度、台风、降雪等。

暴雨洪涝是福建省铁路、公路运输中最为突出的气象灾害之一，近20年来，暴雨洪涝以及由此诱发的地质灾害趋多趋重。热带气旋带来的强风暴雨也会影响交通，特别是近年强台风、超强台风给全省交通带来了严重的损失。雾对陆上和水上的交通都会产生严重影响，特别是厦门雾日增多，对厦金航线影响较大。强降温或气温过低，尤其雨雪冰冻灾害性天气，会对公路、铁路交通产生不利影响。在气候变暖背景下，福建省闽北、闽东、闽西的降雪日数呈现减少趋势，但积雪日数却变化不大，极端性的低温冰冻灾害对道路交通影响仍很大。

8.2.2　福建省应对气候变化的重要举措

出台应对气候变化政策性文件。2008年4月福建省出台了第一部应对气候变化的全面政策性文件《福建省应对气候变化实施方案》，方案提出了我省应对气候变化的七大主要任务，优化经济结构，提高资源利用率；加强林业建设，保障生态安全；开发再生能源，保障能源安全；强化水资源管理，保障水资源安全；应对气候变化，保障农业安全；强化规划引导，保障城市安全；发挥滨海优势，促进海洋开发。

加强监测和预警，减轻灾害性天气气候对农业的影响。加强低温冻害和干旱的监测和预警，引导农民利用可靠的气象信息，采用合适的工程措施，防御和减轻灾害性天气气候的不利影响。

大力开展植树造林，提高森林固碳能力，加强沿海防护林体系建设。通过实施植树造林、天然林保护等重点工程建设，扩大了森林面积，提高了森林覆盖率。沿海防护林体系逐步完善，沿海基干林带、沙荒风口造林、老林带更新、红树林建设等重点骨干工程建设进一步得到加强，沿海防护林造林中阔叶林和针阔混交林比例有所上升，树种结构得到改善，防护效益大大提高。

优化能源结构，节能降耗。积极控制火电发展，装机 10 万千瓦以下的高能耗、低效率的小火电机组基本退役。合理发展核电，加强核电站建设前的气候可行性论证和气象参数设计，宁德、福清等核电站工程建设进展顺利。积极开发风能、太阳能等清洁、低碳、可再生资源，新建了一批太阳能光伏产业基地、园区及太阳能电池生产线。

8.3 福建省未来气候变化趋势、可能影响及对策建议

8.3.1 福建省未来气候变化趋势及可能影响

(1)未来气候变化趋势

利用全球模式 CCSM3 预估资料驱动 RegCM3 进行未来 A1B 情景(中等排放)、B1 情景(低排放)和 A2 情景(高排放)下福建省气温、降水预估。

三种情景下福建省预估的年平均气温均呈增加趋势，B1 情景升温趋势 0.52℃/10 年为最大，A1B 情景升温速率 0.34℃/10 年次之，A2 情景升温趋势 0.22℃/10 年最弱。

三种情景下福建省预估的年降水量变化趋势略有差别。A1B 情景和 B1 情景下，福建省年降水量为下降趋势，分别是－2.58 mm/a 和－6.47 mm/a；而 A2 情景下呈上升趋势，速率为 8.05 mm/a。

(2)未来气候变化可能影响

基于福建省已经发生的气候变化及其产生影响的事实，未来气候变化可能加剧对农业和林业的影响。

未来气候变化将使福建省农业种植制度发生较大变化，气温升高可能使复种指数提高，两熟制地区可能成为不同组合的三熟制，甚至多熟制地区。气温升高还可能使病虫害增多，水稻稳产性变差(江敏等，2009)。

未来气候变化将使福建省森林类型的分布北移，从南向北分布的各种类型森林向北推进。以福建省红树林分布为例，气温升高将有助于红树林自然分布范围的扩展，提高原有红树林区的多样性(刘小伟等，2006)。

8.3.2 福建省未来适应气候变化对策建议

科学评估，优化农业产业结构。在引进亚热带经济作物或扩大种植之前，根据不同品种和种植地域，开展有针对性的气候论证和种植效益评估，主要评估作物的气候适应性。同时，对极端天气气候的可能影响进行风险评估，为引种、扩种提供科学依据。

政策扶持清洁能源的开发与利用。通过政策扶植、结构调整、科学规划等手段发展清洁能源。根据福建实际，制定出台新能源开发利用政策，以加快新能源的发展。

加强气候可行性论证，重视气候变化影响评估，提高应对气候变化能力。加强城乡规划、重点工程、重大项目的气候可行性论证和气象灾害风险评估，提高应对气候变化和防灾减灾能力，同时，提高气候资源开发利用能力，进而提高经济、社会和生态效应。针对气候和气象灾害复杂性，经济多样性，城乡多元化的特征，加强多部门合作，统筹开展气候变化对农村和农业、气候变化对城市、气候变化对

交通、气候变化对能源、气候变化对人体健康和海平面上升影响等领域的专项评估。

加强闽台两岸防灾减灾的合作，共同应对气候变化。构建台湾海峡防灾减灾体系，在汛期联防、台风联防和海峡天气预报上开展两岸合作。进一步加强台湾海峡气象监测和预报预警系统建设，为海峡直航和两岸渔民生产作业等提供精细化的海峡气象服务，进一步提高交通气象、农业气象、旅游气象等相关领域的气象服务能力。

第 9 章　气候变化对江西省的影响评估

9.1　江西省气候变化事实

9.1.1　气温

江西省年平均气温持续升高，以冬、春季变暖最为显著。近 50 年全省年平均气温 18.1℃，其中 2007 年平均气温 19.2℃为历年最高，1961—2007 年平均增温速率约为 0.13℃/10 年，低于全国平均增暖速率(《气候变化国家评估报告》编写委员会，2007)，在华东区域增温率为最低。年平均气温变化经过大致两个阶段：一是 1961—1969 年经历了一段降温过程，二是 1970 年代以后明显升温过程。1970 年代以来变暖趋势突出(图 9.1)，累计升温 1.04℃，其中 2007、1998 年气温分别达 19.2℃、19.1℃，为 1961—2007 年期间最高的 2 年。

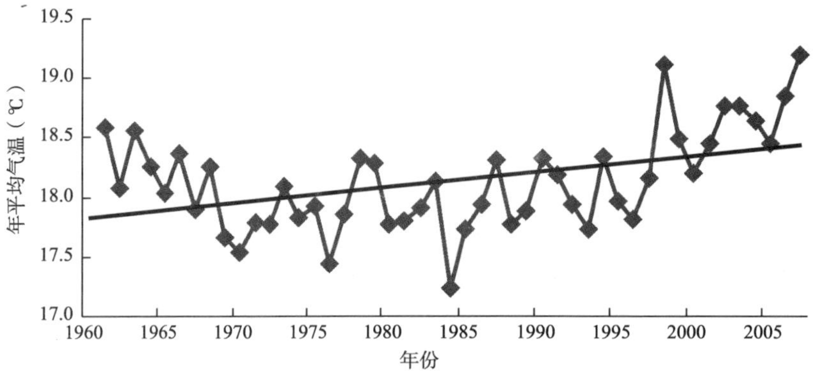

图 9.1　江西省 1961—2007 年平均气温历年变化及线性趋势

9.1.2　降水

1961—2007 年平均降水量为 1653.1 mm，1970 年代初期和 1990 年代为相对多雨期，1960 年代中期和 1980 年代中期为相对少雨期，1998 年的年降水量 2012.4 mm 为历年最多(见图 9.2)。1961—2007。降水强度总体呈略上升趋势，近 50 年江西降水强度呈现出明显的年际和年代际振荡，波动与降水量波动一致。

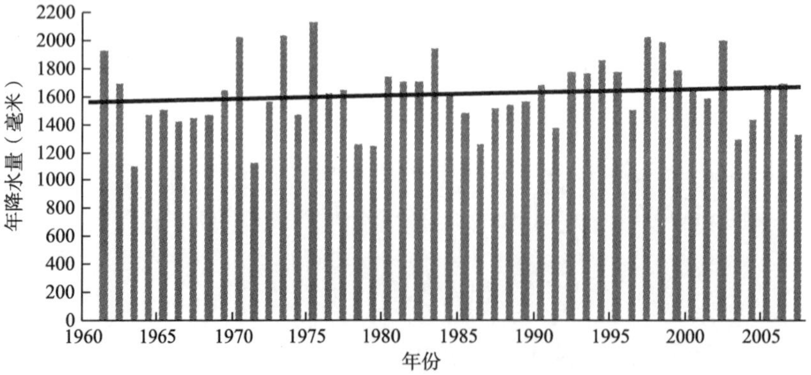

图 9.2　江西省 1961—2007 年历年降水量变化趋势

9.1.3　高影响天气

降水时空分布不均加剧，旱涝事件均呈多发趋势。在全球气候变暖大背景下，江西省降水时空分布情况亦发生着较为明显的变化，突出表现为降水集中度增大，无降水日数增多，致使旱涝灾害发生频率均增大，作物受灾面积呈明显增多趋势。据统计江西省历年旱涝受灾面积变化，1980 年代中期以前，全省旱涝面积较少，且旱涝面积基本是反相的，但 1980 年代中期以后，旱涝灾害面积均有增大趋势，且年际变化大，干旱面积屡创新高。有些年份旱涝面积都较大，比如 1992 年、2002 年、2003 年，旱涝面积基本相同。

夏季高温事件增多，近 10 年来高温事件强度增强。江西省高温热浪频次呈上升的趋势，特别是 1996 年以来，高温热浪频次上升趋势最为明显，1961—2007 年高温次数最多的 5 年有 4 年出现在 1996 年以后，其中 2005 年、2006 年分别达 4.6 次/年和 3.8 次/年，位居历史前两位。

低温、冰冻事件总体减少，但极端冷事件仍有突发可能。在气候变暖大背景下，江西省低温日数（日最低气温低于 0℃）呈明显减少的趋势。但 2008 年 1—2 月，全省雨凇站次突然增多，达到 572 站次，而 1999—2007 年平均仅 52.3 站次，超过其 10 倍，位居历史第 4 位。这说明在气候变暖大背景下，极端低温、冰冻等灾害仍有可能发生。

9.2　已观测到的气候变化对江西省的影响及重要举措

9.2.1　已观测到的气候变化对江西省的影响

对水资源的影响：径流量呈现先上升后下降趋势。鄱阳湖流域水资源占江西省水资源 97.22%，鄱阳湖五河水系各控制站年径流量 1960—2003 年都呈现不同程度的上升趋势（苏布达，2008；刘健等，2009）。江西省降水分配受东亚季风控制，季节变化和年际差异均很大，不仅频繁遭受洪涝灾害，干旱灾害也较严重，对湖区社会经济发展，尤其是农业生产构成严重威胁。根据星子站实测资料，鄱阳湖流域 1963 与 1978 干旱年枯水位在 10 米以下的持续天数未超过 30 天，但在 2006 年和 2007 年却分别达到了 94 天和 60 天（闵骞，2007）。表明鄱阳湖区的干旱较频繁，是不可忽视的主要自然灾害之一。近年来，湖区枯水位有下降且维持时间延长的趋势。

对鄱阳湖湿地的影响：(1)沙化土地面积增加。气候变化对鄱阳湖洲滩发育影响较大（揭二龙等，2007；毛建华等，2006）遥感监测结果表明，鄱阳湖地区的水域面积减少，沙地、泥沼面积呈增加趋势，三角洲前沿的淤积作用明显，区内沙化土地面积增加。(2)影响湿地种群结构，鱼、越冬候鸟数量减少。据调查，除距水体 10 米以内的湖滩还保持湿地特征外，稍远的湖滩表面迅速变硬，基本失去了湿地的生态功能。距水体 15 米以外，地表呈干涸状况，出现许多裂缝和裂口，一般裂口宽度直径达 2～3 厘米，地表草皮、植被枯死。鄱阳湖湿地功能的退化，导致冬候鸟栖息、觅食、繁殖过程和其他动植物种群、群落受到严重影响。2006—2007 年，其天然鱼获量只有 20 世纪 50—90 年代的 16%、2000—2005 年的 45%（闵骞等，2008）。(3)生态服务价值总体降低。1990—2000 年间，环鄱阳湖的 38 个县市中有 17 个县市的生态服务价值降低，11 个县市是增加的；2000—2008 年间 35 个县市的生态服务价值都是降低的，只有进贤县、樟树市和新干县 3 个县市是增加的；从 1990—2008 年的整体状况来看，每个行政单元的生态服务价值都是降低的（陈晓玲和曾群，2009）。

对森林的影响：(1)植被指数、净初级生产力增加。1980—2000 年，江西省净初级生产力变化主要呈现增加趋势，且显著性水平较高，但是增加的幅度存在着区域差异（丁明军等，2009）。(2)森林火灾发生次数增加。气候变化背景下高温干旱和强雷电天气增多，可能使森林火灾发生更加频繁，火灾造成损失也增大，气候变暖也将会使森林火灾次数显著增加（赵凤君，2007；孔萍等，2009）。

对农业的影响：(1)热量资源改善，生长期延长。随着气候变暖，江西省热量资源增加。1961—2007 年≥10℃积温增长率达 11.6℃·d/年；≥10℃持续日数增长，作物生长期延长；双季稻生长季 10～20℃持续天数，1970 年代之后持续天数呈上升趋势。(2)高温逼熟影响增强。尽管江西省夏季气温上升趋势不明显，但 1990 年代轻度的高温危害出现频率仍有 50%（即 10 年中有 5 年出现了轻度的高温危害）。尤其是 21 世纪以来，夏季气温逐渐上升，高温逼熟对早稻的影响越来越大（卢冬梅等，2003）。(3)寒露风风险降低。江西省年平均气温升高背景下，寒露风日数减少。历年 9 月轻度及中度寒露风日数 1959—1987 年有明显的增多趋势，1987 年以后呈较明显的减少趋势（刘文英等，2009）。(4)极端低温事件仍可能发生。江西省冬季气温上升明显，低温冻害总体上减少，但极端最低气温依然时有发生，如 1991 年出现的冬季冻害，造成江西省柑橘受冻面积在 70%以上，其中赣北柑橘树的死亡率高达 80%；因灾导致 1992 年柑橘总产仅为 7.07 万吨，较上一年减少了 19.84 万吨，减产高达 74%（黄淑娥，1996；殷剑敏，2008）。2008 年我国南方大范围的雨雪冰冻灾害造成柑橘大面积损伤，导致严重减产等。

9.2.2 江西省应对气候变化的重要举措

调整产业结构，减少能源消耗。改革开放以来，江西省不断提升发展理念，完善产业政策，转变发展方式，经济总量和发展质量跨上新台阶。国内生产总值由 1978 年的 87 亿元增长到 2007 年的 5500 亿元；三次产业的比例由 42∶38∶20 调整为 16∶52∶32。第一产业比重显著下降，第二、三产业比重明显上升。

优化能源结构，减少温室气体排放。随着经济社会发展，江西省能源消费总量由 1995 年的 2391.7 万吨标准煤增长到 2007 年的 5053.8 万吨标准煤，但同期万元 GDP 能耗由 2.0 吨标煤下降到 0.9 吨标煤。

大力开展植树造林，增加碳汇功能。坚持不懈推进植树造林和国土整治，森林覆盖率从 1983 年的 33%提高到 2007 年的 61%。到 2007 年，全省各类自然保护区 134 个，受保护面积 9257 平方千米。

加强基础建设，提高防灾减灾能力。落实长江大堤、赣抚大堤、鄱阳湖区重点圩堤和病险水库加固工程。发放 50 亿贷款支持农田水利建设，支持易涝易渍灌区大型排水泵站的改造、节水灌溉以及完善灌排设施等。气象观测已覆盖全省乡镇，天气雷达探测基本覆盖全省。

制定相关政策法规，落实应对气候变化保障措施。积极实施可持续发展战略，不断强化应对气候变化相关的政策法规。此外，自 20 世纪 70 年代以来，大力实施计划生育政策，人口自然增长率从 1978 年的 19.6‰下降到 2007 年的 7.8‰，30 年间通过计划生育少生了 1200 万人，为减缓全球气候变化做出了积极的贡献。

9.3 江西省未来气候变化趋势、可能影响及对策建议

9.3.1 江西省未来气候变化趋势及可能影响

(1)未来气候变化趋势

利用全球模式 CCSM3 预估资料驱动 RegCM3 进行未来 A1B 情景（中等排放）、B1 情景（低排放）和 A2 情景（高排放）下江西省气温、降水预估。

气温：三种情景下江西省省预估的年平均气温均呈增加趋势。B1 情景下升温趋势最大（升温率为 0.52℃/10 年），A1B 情景下次之（升温率为 0.36℃/10 年），A2 情景下最小（升温率为 0.33℃/10 年）。

降水：两种情景下江西省省预估的年降水量变化趋势呈下降趋势，B1 情景下降趋势最大（降水变化率为−8.15 mm/a），A1B 情景次之（降水变化率为−5.10 mm/a）；A2 情景下降水量呈上升趋势（降水变化率为 2.24 mm/a）。

(2)未来可能的影响

湿地生态功能总体有所改善，旱涝风险不容忽视。预计到 2050 年年降水量将增加，湿地的生态功能将有所改善，生物多样性将更为丰富，水生动植物增加，候鸟增多。另一方面，未来气候变化将导致旱涝风险增加，干旱年份将导致大量的湖汊退缩和干涸，湖滨湿地退化、枯水期湖床沙化等生态问题突出（樊建勇等，2009）。

森林生产力将有所增加，森林碳汇能力增强。气候变化影响着森林生产力。二氧化碳浓度倍增后，江西森林生产力将有所增加，增加的幅度因地区不同而异，变化幅度为12%～35%（曾慧卿等，2008；丁明军等，2009）。

农业热量资源增加，但农业气象灾害风险增大。预计到2020年江西省北部10～20℃积温将增加227.6℃・d，南部将增加242.7℃・d，到2050年则将增加606.8℃・d，农业热量资源明显增加。未来气候变暖背景下，高温对农业带来的灾害会增加；另外冬季气温升高可能会加剧病虫害的流行和杂草蔓延（杜筱玲等，2006）并且会引起生产投入的增加（王保生等，1999）。

9.3.2 江西省未来适应气候变化对策建议

江西省属于经济欠发达地区，属于气候变化脆弱敏感区域，需要采取切实措施，增强适应气候变化能力。

优化农业布局，调整种植制度。优化农业区域布局，合理统筹粮食作物、经济作物种植，促进优势农产品向优势产区集中；发展多熟制，提高复种指数，特别是适当地发展秋冬季农业以提高气候资源的利用率。适当调整种植制度，如调整作物播期可以改变作物生育期内的光温水配置，从而达到趋利避害的效果在前后期作物茬口和气象条件等因素允许的情况下，适当调整播期将有利于提高作物产量。

加强自然保护区、森林公园、野生动植物保护和生态保护重点工程建设。建立重要生态功能区，维护生物多样性，使全省90%的典型森林生态系统和野生动植物资源得到有效的保护。到2015年，自然保护区面积占国土面积比例达到9%，森林公园面积达5%以上。

合理开发和优化配置水资源。建立较为完善的防洪减灾和水生态安全保障体系，增强水资源系统对气候变化的适应性。到2015年，主要河流重点河段和鄱阳湖重点圩堤达到规划确定的防洪标准，基本建立山洪地质灾害预警预报体系，全面完成防汛抗旱指挥系统工程；水功能区达到国家规定的标准，重点地区和城市水质性缺水状况得到有效缓解，农村生活用水条件大大改善，农田抗旱能力得到提高。

加大水土保持力度。采取多种措施相结合的方式，开展土壤侵蚀区、退化土地恢复和崩岗治理，减少土壤碳储量损失。到2015年，治理水土流失区面积75万公顷、崩岗2万处。

第10章　气候变化对山东省的影响评估

10.1　山东省气候变化事实

10.1.1　气温

1961—2007年，山东省年平均气温上升速率约为0.31℃/10年，1980年代以后，升温趋势更明显(图10.1)。鲁中东部至半岛西部地区、鲁南部分地区升温速率在0.35℃/10年以上，鲁西至鲁西南、鲁中局部地区在0.25℃/10年以下。

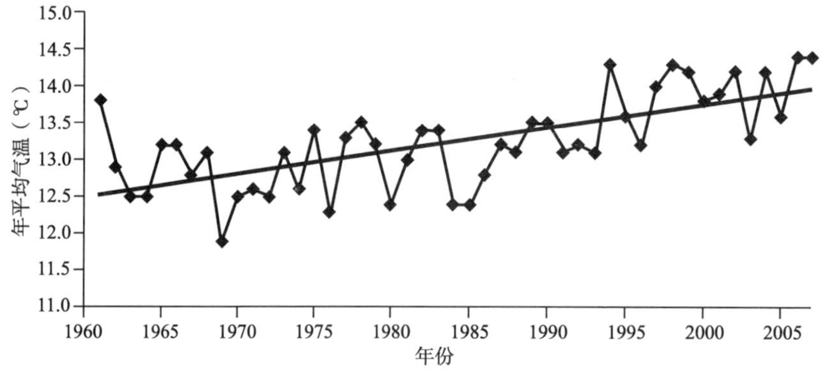

图10.1　山东省1961—2007年年平均气温趋势

山东省四季平均气温均有上升，冬季最明显，升温率为0.54℃/10年，春、秋季次之，分别为0.36℃/10年和0.25℃/10年，夏季上升最少，为0.10℃/10年。全省平均气温年较差减小速率约为0.51℃/10年，鲁南、半岛局部(胶州)地区在0.60℃/10年以上，鲁北、鲁中北部和西部、半岛北部地区在0.50℃/10年以下。

10.1.2　降水

1961—2007年，山东省年降水量总体呈减少趋势，平均减少约21.38 mm/10年，1980年代达最少，之后呈增多趋势，1980—2007年平均增加约50.60 mm/10年(图10.2)。47年间除鲁中、鲁南局部地区增多外，其他地区均减少。四季降水量，夏秋降水减少，冬春降水略增多。

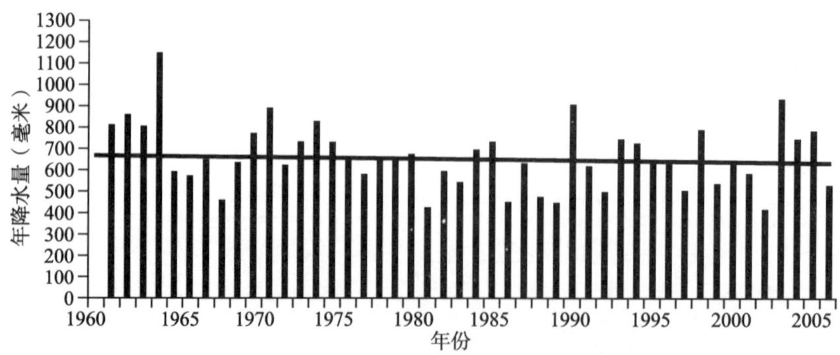

图10.2　山东省1961—2007年年降水量趋势

1961—2007年，山东省年降水日数均呈减少趋势，以鲁西南为中心，向东、向北减少趋势逐渐明显。

小雨日数均呈减少趋势，大部分地区中雨、大雨日数呈减少趋势，暴雨日数有增有减，鲁西南大部、鲁中西部和半岛局部地区暴雨日数增加。5 天及其以上的连续无降水频数呈增多趋势，半岛东南和鲁东南部分地区更明显。最长无降水日数也呈增多趋势，鲁东南地区增多最明显。

10.1.3　高影响天气

高温：1961—2007 年，山东省高温天气总体呈减少趋势，但大范围高温呈增多趋势。半岛大部及鲁东南沿海地区高温天气呈增多趋势，其他大部地区呈减少趋势。

低温：1961—2007 年，山东省最低气温≤－9℃的日数均呈减少趋势，半岛南部、鲁中东部及鲁北局部地区减少较其他地区明显。

强降水：1961—2007 年，山东省暴雨天气总体呈减少趋势，但大暴雨和大范围暴雨天气事件呈增多趋势。鲁中和鲁南部分地区暴雨天气呈增多趋势外，其他大部地区呈减少趋势；全省大部分地区大暴雨天气呈增多趋势。

降雪：1961—2007 年，山东省各地降雪天气均呈减少趋势，半岛地区减少明显。暴雪天气除半岛东部和鲁西南部分地区呈增加趋势外，其他大部地区呈减少趋势。

低能见度：1961—2007 年，山东省平均雾日数呈增加趋势，除鲁中西部、半岛北部减少外，其他地区均增多。1980 年代中期至 1990 年代初期雾日最多，1992 年以后雾日数减少。全省平均霾日数也呈增加趋势，但沙尘暴、扬沙、浮尘日数呈减少趋势，1980 年代以后沙尘暴、扬沙很少出现。

10.2　已观测到的气候变化对山东省的影响及重要举措

10.2.1　已观测到的气候变化对山东省的影响

农业：过去近 50 年，山东省农业生产热量条件改善，积温上升，使得种植早熟品种的部分地区，具有了种植早熟品种的热量条件。平均初霜期推后，终霜期提前，作物生长季提前并延长，植被覆盖度增加。暖冬频现导致小麦全生育期缩短，作物复种指数增加。气候变暖有利于农业生产，但也利于病虫害危害加剧，农业生产成本增加，旱涝灾害频繁，强度呈加重趋势，大旱大涝灾害面积增大，农作物气象产量的不稳定性增加。

水资源：山东省水资源严重短缺，年际变化悬殊，存在明显丰枯交替；地区分布十分不均，从东南沿海向西北内陆递减；过境水量较丰富，但可供利用水量有限。1980—2000 年相比于 1956—1979 年，降水资源偏少，河道径流量明显减少，天然径流深偏小的幅度一般在 28%～39%。作为黄河流域最下游的省区，1970 年代—1990 年代末深受黄河断流之苦。在 1972—1999 年的 28 年中，有 22 年黄河山东段出现断流，断流天数最多达 226 天，断流河段最长约 683 千米，占整个下游长度的 87%。尤其进入 1990 年代后，黄河断流次数不断增多，时间不断延长，首次断流时间提前，且出现了跨年度断流，断流河段也不断上延。黄河断流给山东工农业生产造成了重大经济损失，对城乡生活用水、生态环境及河道防洪都造成了严重影响。自 1999 年 3 月黄河水量实施全流域统一调度以来，截至 2009 年，黄河已连续 10 年不断流。

采暖与制冷：气温变化直接影响冬季取暖和夏季制冷的能源消耗，度日是反映这种能耗比较直观的一个指标。1962—2008 年间，山东省冬季采暖度日减少趋势明显。1980 年代末期开始，大部分年份采暖度日较常年偏少，进入 21 世纪后，年际变化较大，2002 年达历史最低值。而此期间山东省制冷度日却呈上升趋势，在 1980 年代以前，波动较大，1980 年代至 1990 年代初期较为平稳，1990 年代中期以后，波动又开始增大，1997 年达到历史最高值，近几年，夏季制冷度日呈下降趋势。鲁西南大部和鲁西部分地区夏季制冷度日呈减少趋势，鲁中东部和半岛地区增加趋势明显。

海岸带：气候变化对海岸带最主要的影响是海平面的缓慢上升。近 30 年来渤海和黄海海域海平面的上升速率都高于全球海平面上升速率。山东省沿海近年来海平面较常年高 50 mm 以上，其中 2004 年较常年高 94 mm。2008 年山东半岛北部沿海、南部沿海各月海平面均高于常年同期。观测表明，海平面上升加重了山东省沿海地区的水资源短缺与水环境恶化、海洋赤潮、浒苔藻华和风暴潮影响，截至2008年，山东沿海海岸侵蚀长度达到1211千米，黄河三角洲海岸侵蚀更加剧烈。莱州湾海水入侵面积已达2500平方千米，其中严重入侵面积为1000平方千米。莱州湾南部海岸盐渍化程度高、范围大，1995年莱州湾地区次生盐渍化土地面积已达2134×10^4公顷。海岸带生态系统遭到损害，许多珍稀濒危野生动植物绝迹，而且滩涂湿地调节气候、储水分洪、抵御风暴潮及护岸保田等能力将大大降低。黄河三角洲景观演变过程加快，海岸线动荡变化、湿地景观格局和土地利用变化频繁。1992年后，尤其是近年来，泥沙供应大量减少，黄河三角洲沿岸大范围内普遍表现为蚀退。海平面上升直接或者间接地影响山东省海岸带城市建设、工农业生产等社会经济的发展。

10.2.2 山东省应对气候变化的重要举措

推进经济结构调整，转变经济发展方式。近年来，山东省注重推进经济结构调整，狠抓自主创新、节能环保，努力转变经济发展方式，产业结构进一步优化，三次产业比例由2000年的15.2∶50.0∶34.8调整为2007年的9.7∶56.9∶33.4。产业结构的调整带来了较大的节能效益，能耗水平明显降低。

强化农业基础地位，促进农村经济可持续发展。实施优势产业优先发展战略，提高农业发展层次，提高粮食综合生产能力。减少对气候较敏感、对水资源要求较高的作物种植面积，增加对气候变化不太敏感或对水资源要求较少的作物种植面积和副业生产，降低气候变化对农业的影响。

改善能源结构，提高能源支撑能力。山东省政府颁布实施了《山东省节约能源条例》，编制出台了《山东省能源中长期发展规划》、《山东省节约能源"十一五"专项规划》，出台了《关于进一步加强节能减排工作的意见》、《关于加强节能工作的决定》、《山东省节能减排综合性工作实施方案》，制订了关于国家标准的火电、水泥、造纸等行业污染物地方排放标准，为增强应对气候变化的能力提供政策和法律保障。建立推广和普及节能技术的新机制，最大限度地降低能耗、物耗，依法推进节约型社会建设。加强资源安全和资源警示教育，提高全民的忧患意识和节约意识。提倡绿色消费、循环式消费，逐步形成节约型消费方式。

加强生态保护和建设。以湖区、库区、湿地、草地，重要水源地和涵养区，以及近海岛屿、山区丘陵、滩涂等自然生态系统的建设与保护为重点，构建生态安全屏障。实施"两湖一河"和海河流域治理工程，确保南水北调东线工程山东段水质达标。严格入海排污标准，加大海水养殖污染治理力度，改善海洋生态环境。

10.3 山东省未来气候变化趋势、可能影响及对策建议

10.3.1 山东省未来气候变化趋势及可能影响

气温和降水：利用全球模式CCSM3预估资料驱动RegCM3进行未来A1B情景（中等排放）、B1情景（低排放）和A2情景（高排放）下山东省气温、降水预估。

三种情景下山东省预估的年平均气温均呈增加趋势，A1B情景升温趋势0.46℃/10年为最大，B1情景升温速率0.43℃/10年次之，A2情景升温趋势0.26℃/10年最弱。

三种情景下山东省预估的年降水量变化均呈增加趋势，A2情景增加趋势6.40 mm/a为最大，A1B情景增加趋势2.18 mm/a次之，B1情景增加趋势2.16 mm/a最弱。

农业：未来气候变暖将继续改善热量条件，使生长季延长，有效积温增加，也为山东省设施农业的发展提供了有利的条件。但气候变暖将导致极端天气气候事件增多、灾害加重，还严重影响着光、温、水等农业气候资源的分布，农业种植结构和农业丰收将面临的灾害风险较以往可能更大；此外，还将使病、虫、草害加剧，化肥的施用量和灌溉量将相应增加，进行土壤改良和水土保持的费用也将增加，农业生产成本提高；由于气溶胶排放等人类活动造成的日照时数缩短，可能会影响作物的优质高产。

水资源：作为山东省主要客水资源的黄河入境流量逐渐减少，随着人口增加和经济发展使需水量明显增加，再加上海水入侵、河道断流、湖泊湿地萎缩等原因，将造成山东省水资源短缺现象越来越严重。

海岸带:未来气候变化将使山东省沿岸海平面继续上升,台风和风暴潮影响加剧,导致海岸侵蚀、潮滩湿地减少、涵闸废弃、洪涝灾害加剧、海堤破坏、海水入侵等灾害,自然灾害的几率增大,对渤海湾地区、黄河三角洲及沿海城市将会形成潜在的威胁。海平面变化产生的环境影响与灾害效应,直接或者间接地对山东省海岸带城市发展、港口建设、工农业生产、资源开发与海洋经济发展以及人民生活产生较大影响。

生态系统:气候变化将影响山东物种分布,改变植被的组成、结构及生物量,生物多样性减少,海洋生物基础资源量下降。而极端天气如持续干旱所引起的栖息地退化则可能直接造成狭域分布物种的灭绝或局部灭绝。

10.3.2 山东省未来适应气候变化对策建议

加强卫星遥感技术应用,提高农业抗灾减灾水平。调整山东省农业气象灾害专业监测网和监测项目,加强卫星遥感技术在农业气象监测业务中的应用;加强农业气象灾害普查,加快推进农村气象灾害防御规划的编制和实施;重点围绕种植基地建设、种植制度调整、新品种引进、重大耕作栽培措施和灾害防御措施选择,以及特色农业、设施农业和渔业的发展与规划等,开展精细化农业气候区划、气候适宜性与风险性评估;优化农作物品种,改善农业基础设施,提高农业应变能力和抗灾减灾水平。

加快能源体制改革,提高能源效率。改善山东省经济结构,减少对生产性能源的需求,减少温室气体的排放。加强能源战略规划研究与制定,加快推进能源体制改革,大力开展可再生能源的利用,加大新能源产业化的研究、开发和建设力度,积极扶植核能、太阳能、地热能、风能、生物质能、海洋能等再生能源、洁净能源的开发和利用,实施能源的阶梯型开发,提高能源效率与节约能源。注重城市节能减耗建设,合理减少城市建筑、公共设施的能源消耗,提倡低碳生活。

构建合理生态系统,加强灾害防御能力。解决工业结构性污染,以发展污水、废气、固体废弃物处理设备为重点,加快产品研发、引进和产业化步伐。合理运用水资源,加强地表水、地下水、黄河水和大中型水库的管理,保障工农业、生活用水。重点实施荒山绿化、沿海防护林体系、农田防护林、湿地和自然保护区、城镇村绿化五大生态建设工程,构建布局合理、功能稳定、效益明显的林业生态体系,保护和增加陆地碳贮存和吸收汇。加强防御气象灾害引发的次生地质灾害,合理进行城市规划,加强城市抵抗洪涝灾害的能力。

科学规划沿海工程,提高海岸带自然防御能力。根据山东省海岸带地下水资源承载能力、环境容量及人口、经济、社会发展目标,制定地区性的地下水持续利用规划和区域产业政策。科学规划沿海防潮、防汛工程,提高规划和设计标准,增强防护能力。有规划地、合理地、有控制地利用地下水,严格控制和规划对沿海石油和天然气的开采,以缓解地面沉降,修建地下水库,拦蓄地下潜流。实施海岸带生态环境修复工程,加强对沿海湿地、河口和洪积平原的保护,提高对自然灾害的防御能力。

附录:重要概念

多布森单位:用来度量大气中臭氧柱尺度的单位,它等于在标准大气状态下千分之一厘米臭氧层的厚度。

度日:所谓某一天的度日是指每日的日平均温度与基础温度的差值。度日分为采暖度日和制冷度日,在《报告》中分别以26℃和18℃作为制冷度日和采暖度日的基础温度。

风暴潮灾害:因台风或强温带气旋等风暴过境引起的海面异常升降,且往往与天文潮叠加,引发沿岸涨水,形成风暴潮灾害。它分为台风风暴潮灾害和温带风暴潮灾害两种,前者常发生在台风影响的海区,后者则发生在中国北方海区。

复种指数:一个地区一年内作物种植面积与耕地面积之比,是农业耕作制度的一个重要指标。

高温热浪事件:日最高气温≥35℃,最低气温≥25℃,持续时间多于三天的连续高温。

高温日:日极端最高气温≥35℃,定义为高温日。

华东区域:上海、江苏、浙江、安徽、福建、江西和山东六省一市。

酷暑日:日极端最高气温≥38℃,定义为酷暑日。

绿潮:在特定的环境条件下,海水中某些大型绿藻(如浒苔)暴发性增殖或高度聚集而引起水体变色的一种有害生态现象,也被视为和赤潮一样的海洋灾害。

霾日:当日能见度<10千米,日平均相对湿度<90%,并排除降水、吹雪、雪暴、扬沙、沙尘暴、浮尘、烟幕等其他能导致低能见度事件的情况为一个霾日。

气象产量:农作物的产量是在各种自然和非自然因素综合影响下形成的,一般将作物的实际产量分解为趋势产量、气象产量和随机产量。由于年际间气象条件的差异造成作物产量的波动,相应的产量分量称为气象产量。

热带气旋:生成于热带或副热带洋面上,具有有组织的对流和确定气旋性环流的非锋面性涡旋的统称。按照热带气旋底层中心附近最大平均风速大小将其划分为6个等级,分别为热带低压(10.8~17.1米/秒)、热带风暴(17.2~24.4米/秒)、强热带风暴(24.5~32.6米/秒)、台风(32.7~41.4米/秒)、强台风(41.5~50.9米/秒)、超强台风(≥51.0米/秒)。

种植制度:一个生产单位内作物种植的种类与比例(作物布局)、一年种植的次数(复种)及种植方式与方法(轮作或连作、单作或间套作、直播或移栽等)。

参考文献

《气候变化国家评估报告》编写委员会. 2007. 气候变化国家评估报告. 北京:科学出版社

毕建新,贾承建,王仕昌. 2010. 山东省海(咸)水入侵演化趋势与防治对策探讨. 山东国土资源,**26**(3):5-11

蔡文华,陈惠. 2000. 气温变化对福建褐稻虱发生与危害的影响. 福建农业学报,**15**(1):59-63

蔡玉林,孙国清,过志峰,等. 2009. 气候变化对鄱阳湖流域径流的影响模拟. 资源科学,**7**(5):734-749

陈宝红,周秋麟,杨圣云. 2009. 气候变化对海洋生物多样性的影响,台湾海峡,**28**(3):437-444

陈惠,林添忠. 1999. 气候变化对福建冬种小麦生产的影响. 气象,**25**(6):23-26

陈惠. 2003. 气候变化对福建甘蔗生产的影响. 新世纪气象科技创新与大气科学发展—中国气象学会2003年会"农业气候与生态环境"分会论文集. 北京:气象出版社. 71-74

陈莉,方修睦,方修琦,等. 2006. 过去20年气候变暖对我国冬季采暖气候条件与能源需求的影响. 自然资源学报,**21**(4):590-597

陈书涛,朱大威,牛传坡,等. 2009. 管理措施对农田生态系统土壤呼吸的影响. 环境科学,**30**(10):50-57

陈思英,黄景,严平. 2009. 道路交通事故与环境关系的研究. 安徽科技. **8**

陈小勇,林鹏. 1999. 我国红树林对全球气候变化的响应及其作用. 海洋湖沼通报,**21**(2):11-17

陈晓玲,曾群. 2009. 鄱阳湖生态经济区生态经济协调发展程度评价. 鄱阳湖学刊,**3**:29-36

陈亚玲,陈秋月,求亚六. 2007. 交通事故伤与气象条件关系分析. 家庭护士,**4**:12-13

迟传德,许信旺,吴新民等. 2006. 安徽省升金湖湿地土壤有机碳储存及分布,地球与环境. **34**(3):59-64

崔心红,钟扬,李伟等. 2000. 特大洪水对鄱阳湖水生植物三个优势种的影响. 水生生物学报,**24**(4):322-325

丁明军,郑林,李晓峰. 2009. 气候变化背景下鄱阳湖地区植被覆盖及生产力变化研究. 安徽农业科学,**37**(8):3641-3644

杜筱玲,郭瑞鸽,魏丽. 2006. 2005年江西晚稻稻飞虱大发生气象成因初步分析. 气象与减灾研究,**29**(2):48-52

樊建勇,赵冠男,张建萍. 2009. 鄱阳湖区气候变化及其对生态环境的影响. 山东科学,**22**(3):34-39

高歌,陈德亮,徐影. 2008. 未来气候变化对淮河流域径流的可能影响. 应用气象学报,**19**(6):741-748

葛道阔,金之庆. 2009. 气候及其变率变化对长江中下游稻区水稻生产的影响. 中国水稻科学,**23**(1):57-64

龚婕,宋豫秦,陈少波. 2009. 全球气候变化对浙江沿海红树林的影响. 安徽农业科学,**37**(20):9742-9744

胡永年. 2008. 实施粮食丰产科技工程提升安徽稻麦生产水平. 安徽科技,(1):14-15

胡政,冯志泽,何钧. 1995. 山东省莱州湾地区海水入侵灾害及其综合防治. 自然灾害学报,**4**(1):104-109

黄芳,江可申,卢愿清等. 2012. 低碳经济下上海市能源需求暨碳排放情景分析. 华东经济管理,**26**(4):1-4

黄淑娥,王保生. 1996. 江西省近几十年气温变化及对农业的影响. 江西农业大学学报,**18**(4):437-441

纪冰. 2007. 全面贯彻落实科学发展观又好又快地推进安徽水利可持续发展. 江淮水利科技,(1):3-7

江敏,金之庆,石春林. 2009. 气候变化对福建省水稻生产的阶段性影响. 中国农学通报,**25**(10):220-227

姜彤,苏布达,王艳君等. 2005. 四十年来长江流域气温、降水与径流变化趋势. 气候变化研究进展,**1**(2):65-68

姜彤,曾小凡,刘波. 2009. 长江流域气候变化对水资源影响和适应性管理. 见:杨桂山,马超德,常思勇主编. 长江保护与发展报告2009. 长江出版社:61-75

揭二龙,李小军,刘士余. 2007. 鄱阳湖湿地动态变化及其成因分析. 江西农业大学学报,**29**(3):500-503

金兴平,黄艳,杨文发,等. 2009. 未来气候变化对长江流域水资源影响分析. 人民长江,**40**(8):35-38

康丽莉,顾骏强,樊高峰. 2007. 兰江流域近43年气候变化及对水资源的影响. 气象,**33**(2):70-75

孔萍,焦鸿渤,肖金香. 2009. 论气候变化对庐山森林火灾的影响. 安徽农业科学,**33**(20):9745-9748

李军,高苹,陈艳春,等. 2008. 华东地区耕作制度对积温变化的相应. 生态学杂志,**27**(3):361-368.

李淑华. 1992. 气候变暖对我国农作物病虫害发生、流行的可能影响及发生趋势展望. 中国农业气象,**13**(2):46-49

联合国人类规划署. 2011. 城市与气候变化:全球人类住区报告2011

林而达. 2001. 气候变化与农业可持续发展. 北京:北京出版社

刘波,姜彤,任国玉,等. 2008. 2050年前长江流域地表水资源变化趋势. 气候变化研究进展,**4**(3):145-150

刘建军,郑有飞,吴荣军. 2008. 热浪灾害对人体健康的影响及其方法研究. 自然灾害学报,**17**(1):151-156.

刘健,张奇,许崇育等. 2009. 近50年鄱阳湖流域径流变化特征研究,热带地理,**29**(3):213-218

刘军. 2007. 基于GIS的海岸带地质灾害评估方法研究及信息管理系统的实现. 武汉，中国地质大学.
刘文英，张显真，简海燕. 2009. 江西近50年寒露风演变趋势及其对双季晚稻的影响. 气象与减灾研究，**32**(4)：67-71
刘小伟，郑文教，孙娟. 2006. 全球气候变化与红树林. 生态学杂志，**25**(11)：1418-1420
卢冬梅，罗倩仪，刘文英等. 2003. 江西近40年温度变化及对农业生产的影响. 江西农业大学学报，**25**(s1)：54-57
卢燕宇，黄耀，郑循华. 2005. 农田氧化亚氮排放系数的研究. 应用生态学报，**18**(7)：1299-1302
鲁亮，林华亮，刘起勇. 2010. 基于天气因素的我国登革热流行风险地图，气候变化研究进展，**6**(04)：254-258
陆玉龙. 1986. 论江苏交通运输发展的战略重点. 经济地理. **3**
马占青，赵学民，王瑚，等. 1999. 华东区域水资源一体化水网探讨. 水利水电技术，**30**(12)：1-3
毛建华，游海，邱小剑等. 2006. 鄱阳湖典型湿地土地覆盖动态变化及其影响因子分析. 江西师范大学学报(自然科学版)，**30**(2)：197-110
闵骞，闵聃. 2008. 湖泊生态系统的水资源保护. 水资源研究，**29**(4)：18-19
闵骞. 2007. 本世纪初江西省旱情与抗旱分析，水资源研究，**28**(3)：33-35
缪金祥. 2008. 从南方雪灾谈交通应急预案. 交通企业管理，**9**：6-7
缪启龙. 1995. 气候变化对长江三角洲海岸带的可能影响. 自然灾害学报，**4**(2)：79-85
潘根兴，李恋卿，张旭辉. 2002. 土壤有机碳库与全球变化研究的若干前沿问题. 兼开展中国水稻土有机碳固定研究的建议，南京农业大学学报，**25**(3)：100-109
任国玉，等. 2007. 气候变化与中国水资源. 北京：气象出版社，120-160
沈卫国. 2008. 安徽加强节能减排工作的思路及对策. 宏观经济研究，(2)：43-45
施雅风，朱季文，谢志仁，等. 2000. 长江三角洲及毗邻地区海平面上升影响预测与防治对策. 中国科学(D)，**30**(3)：225-232
施雅风. 1994. 我国海岸带灾害的加剧发展及其防御方略. 自然灾害学报，**3**(2)：3-15
史军，陈葆德，崔林丽. 2011. 华东地区气温变化对居住建筑能源消耗的影响研究. 高原气象，**30**(5)：1415-1421
水利部应对气候变化研究中心. 2008. 气候变化对水影响的适应性对策. 中国水利，59-61
苏布达. 2008. 气候变化对水文水资源影响研究：鄱阳湖流域为例，中国气象局国家气候中心博士后研究工作报告
谈建国，黄家鑫. 2004. 热浪对人体健康的影响及其研究方法. 气候与环境研究，**9**(4)：680-686
谈建国. 2008. 气候变暖、城市热岛与高温热浪及其健康影响研究，博士学位论文，南京信息工程大学
田心如，干莲君. 1998. 江苏省近百年汛期旱涝变化的诊断分析. 气象科学，**18**(4)：389-395
汪淋津，杨佳元. 2009. 安徽省能源需求的组合预测. 价值工程，(6)：26-29
王保生，张建萍，黄淑娥. 1999. 从气象角度看鄱阳湖区洪涝灾害对我省农业生产的影响及减灾防灾对策 江西气象科技，(s1)：57-59
王春乙，娄秀荣，王建林. 2007. 中国农业气象灾害对作物产量的影响. 自然灾害学报，**16**(5)：37-43.
王国庆，王云璋，尚长昆. 2000. 气候变化对黄河水资源的影响. 人民黄河，**22**(9)：40-45
王艳，郑志明. 2003. 对当前交通运输形势的思考. 江苏交通，(10)
吴海宝. 1995. 气候变化与我国稻谷生产. 农业环境保护，**14**(1)：21-21
吴杏春，林文雄，郭玉春. 2001. 未来气候变化对福建省水稻生产的影响及对策. 福建农业大学学报，**30**(2)：148-152
谢庄，苏德斌，虞海燕，等. 2007. 北京地区热度日和冷度日的变化特征. 应用气象学报，**18**(2)：232-236
徐海根，朱慧芳. 1994. 海平面上升对长江口盐水入侵的影响. 北京：科学出版社
闫淑君，洪伟，吴承祯等. 2001. 福建近41年气候变化对自然植被净第一性生产力的影响. 山地学报，**19**(6)：522-536
杨桂山，马超德，常思勇，等. 2009. 长江保护与发展报告. 武汉：长江出版社，100-150
杨坤，潘捷，杨国静，等. 2010. 不同气候变化情景下中国血吸虫病传播的范围与强度预估. 气候变化研究进展，**6**(4)：248-253
杨晓光，刘志娟，陈阜. 2010. 全球气候变暖对中国种植制度可能影响Ⅰ. 气候变暖对中国种植制度北界和粮食产量的可能影响分析. 中国农业科学，**43**(2)：329-336
杨玉华，应明，陈葆德. 2009. 近58年来登陆中国热带气旋气候变化特征. 气象学报，**67**(5)：689-696
姚润丰. 2004. 气候变暖将使未来我国农业成本和投资大幅度增加. 草业科学，**21**(6)：50
叶彩玲，霍治国. 2001. 气候变暖对我国主要农作物病虫害发生趋势的影响，中国农业信息，**4**：9-10
伊文. 2010. 气候变化中的粮食未来. 中国减灾，(3)：28-29
殷剑敏，缪启龙，李迎春等. 2008. 南丰蜜桔冻害的气候指标及风险评估. 中国农业气象，**28**(2)：52-57
曾慧卿，刘琪璟，殷剑敏等. 2008. 近40年气候变化对江西自然植被净第一性生产力的影响. 长江流域资源与环境，**17**(2)：227-231

张红，黄勇，姚筠，等. 2009. 巢湖藻类遥感监测和气象因子分析. 环境科学与技术，**32**(1)：119-121

张厚瑄. 2000. 中国种植制度对全球气候变化响应的有关问题. 中国农业气象，**21**(1)：9-13

张建云，章四龙，王金星，等. 2007. 近 50 年来中国六大流域年际径流变化趋势研究. 水科学进展. **18**(2)：230-234

张锦文，王喜亭，王惠. 2001. 未来中国沿海海平面上升趋势估计. 测绘通报，**4**：4-5

张星，陈惠，谢怡芳. 2009. 气候变化背景下福建主要农业气象灾害演变特征和趋势. 生态环境学报，**18**(4)：1332-1336

赵凤君. 2007. 气候异常对森林火灾发生的影响研究. 森林防火，(1)：32-35

郑文振，吴乃华，金承钟，等. 1993. 世界和中国的海平面变化. 海洋通报，**12**(4)：95-99

周黔生. 2002. 海平面上升对浙江省沿海水环境的影响与对策. 水资源研究. **23**(3)：23-27

周天华，陈宗镛，田晖，等. 1992. 近几十年来中国沿岸海平变化趋势的研究. 海洋学报，**14**(2)：1-8

朱季文，季子修. 1993. 长江三角洲地区海面变化趋势和影响评估. [中国海面变化：过去、现在、未来]. 济南：山东科技出版社

朱筱英，吴志伟. 2005. 近 40 年江苏省夏季旱涝的演变、分型及特征分析. 气象科学，**25**(1)：90-96

邹建文，刘树伟，秦艳梅，等. 2009. 不同水分管理方式下水稻生长季 N_2O 排放量估算：模型验证和输入参数检验. 环境科学，**30**(4)：937-948

Cox Peter, Stephenson David. 2007. A Changing Climate for Prediction. *Science*. **317**(13)：207-208

IPCC. 2007. Climate Change 2007：The Scientific Basis. Contribution of Working Group I to the Four Assessment Report of the Intergovernment Panel on Climate Change. Cambridge University Press.

Kan H, London SJ, Chen H, *et al*. 2007. Diurnal temperature range and daily mortality in Shanghai, China. *Environmental Research*, **103**(3)：424-431

Li Li, Changhong Chen, *et al*. 2010, Energy Demand and Carbon Emissions under Different Development Scenarios for Shanghai. *Energy Polocy*, **38**(9)：4797-4807

Liu Xiaochen. 2009. Climate Change and Sustainable Urban Development：A Case Study of the Greater Dublin Region. A thesis submitted for the Degree of Doctor of Philosophy. Irish Climate Analysis & Research Units, Department of Geography, National University of Ireland Maynooth

Solomon S, Qin D, Manning M, *et al*. 2007：Climate change 2007：The physical science basis. Cambridge, UK and New York, USA：Cambridge Univ. Press

Tan JG, Zheng YF, Song GX, *et al*. 2007. Heat wave impacts on mortality in Shanghai, 1998 and 2003. *Int J Biometeorol*. **51**(3)：193-200

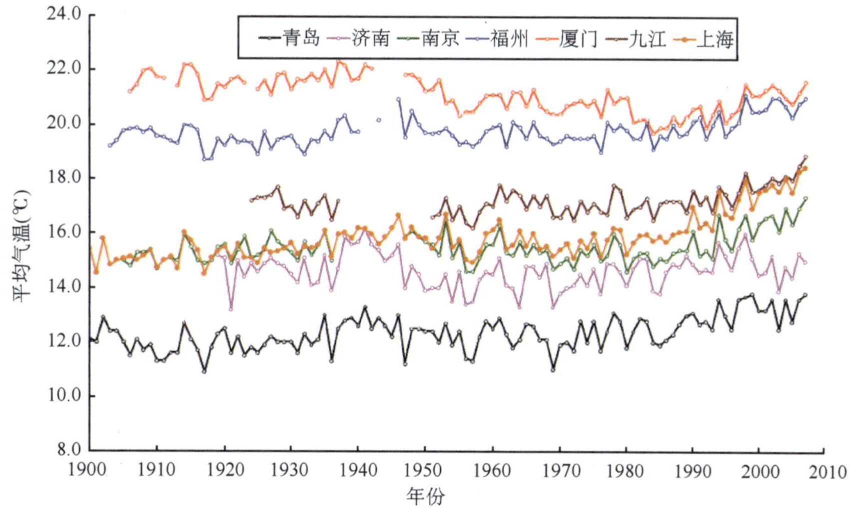

图 1.1　1873—2007 年华东区域 7 个百年以上气象观测站的年平均气温

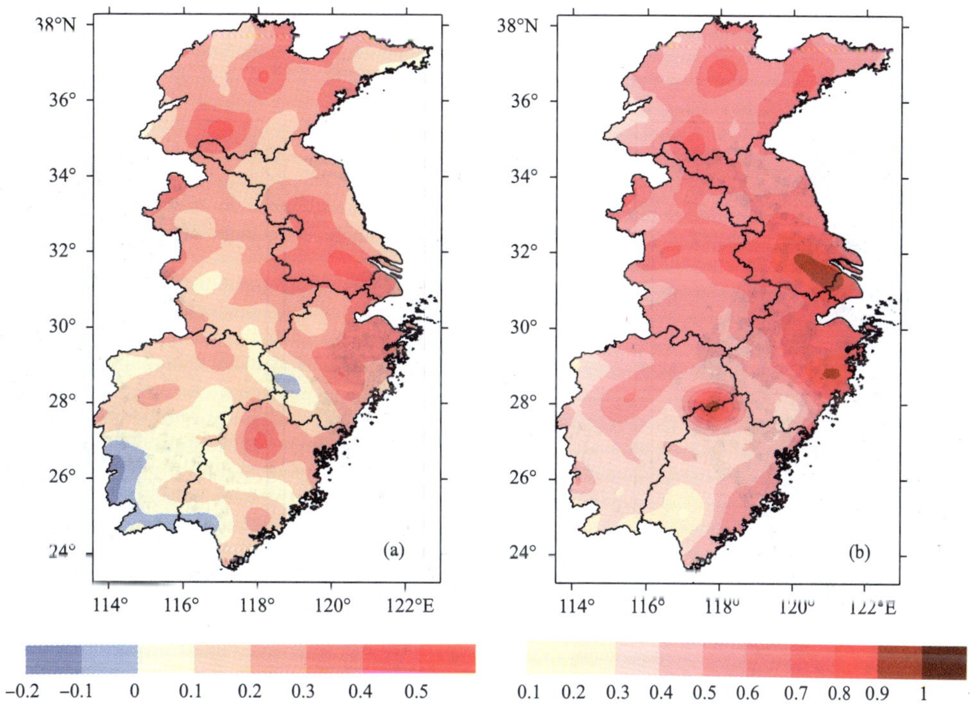

图 1.3　华东区域 1961—2007 年(a)、1980—2007 年(b)平均气温变化趋势(℃/10a)

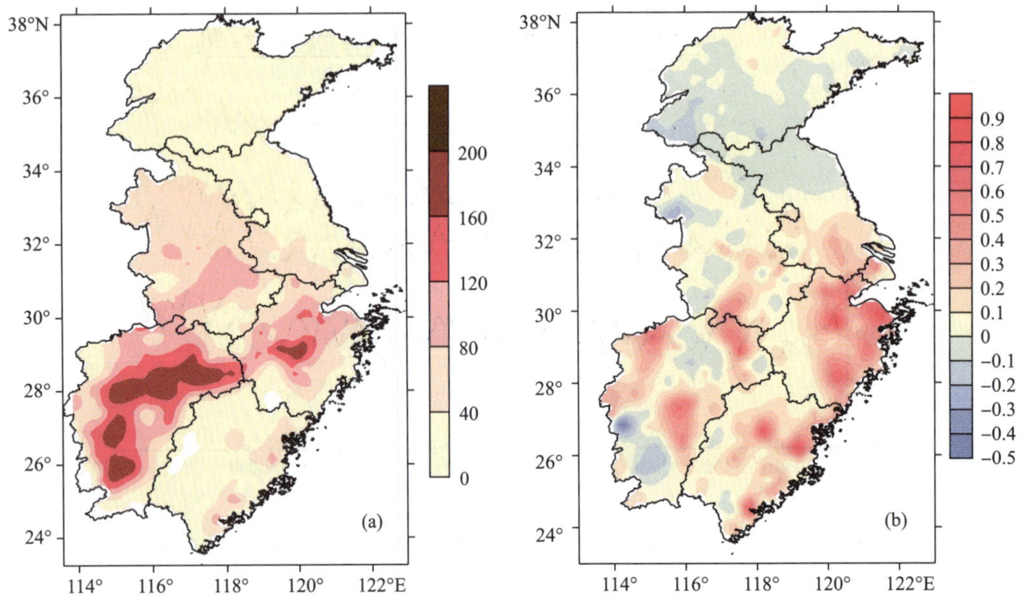

图 1.4　华东区域高温热浪累计频次(a)(次)和变化趋势(b)(次/10a)

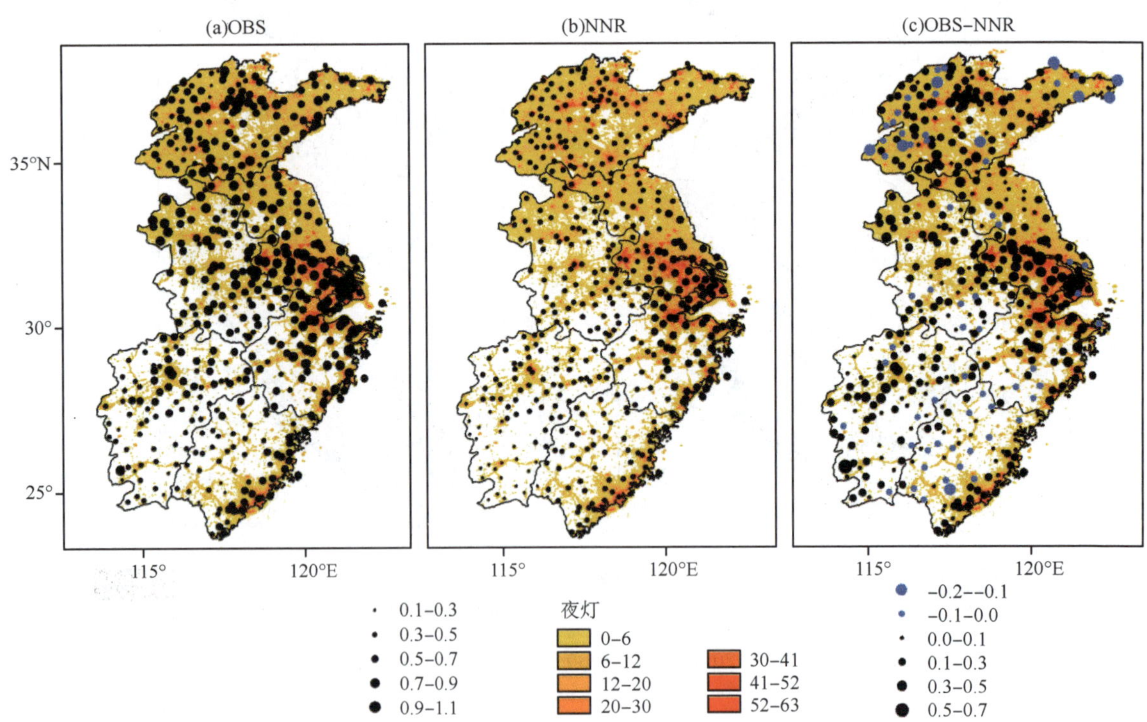

1981—2007 年华东地区(a)站点观测气温趋势(℃/10a),(b)NNR 再分析气温趋势(℃/10a),(c)OMR 气温趋势以及 2007 年的 DMSP/OLS 夜间灯光(℃/10a)

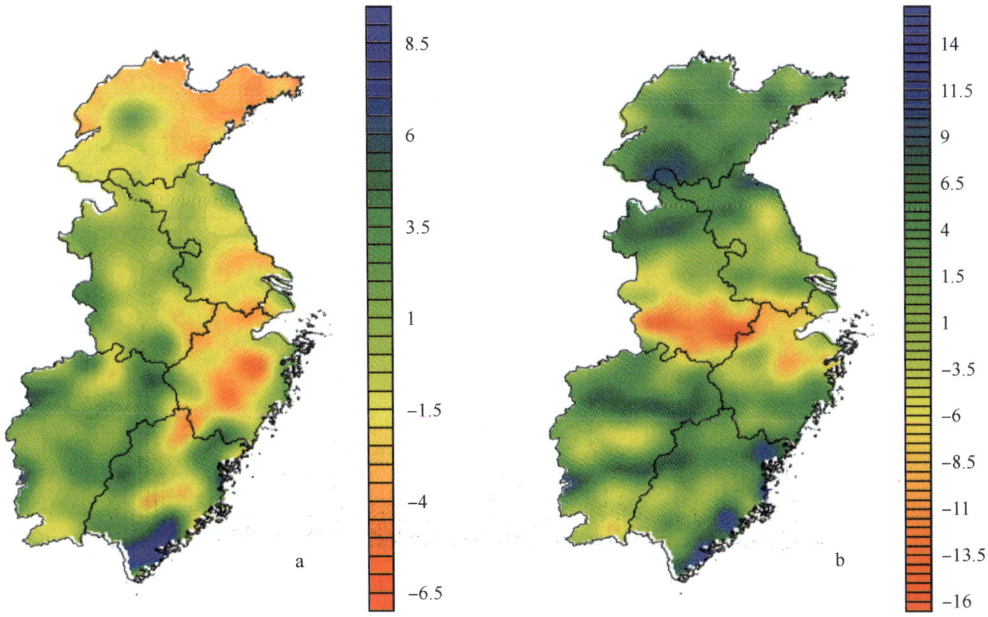

图 1.6　华东年降水量变化趋势(a)1951—2006 年降水变化率;(b)1980—2006 年降水变化率(单位:mm/10 年)

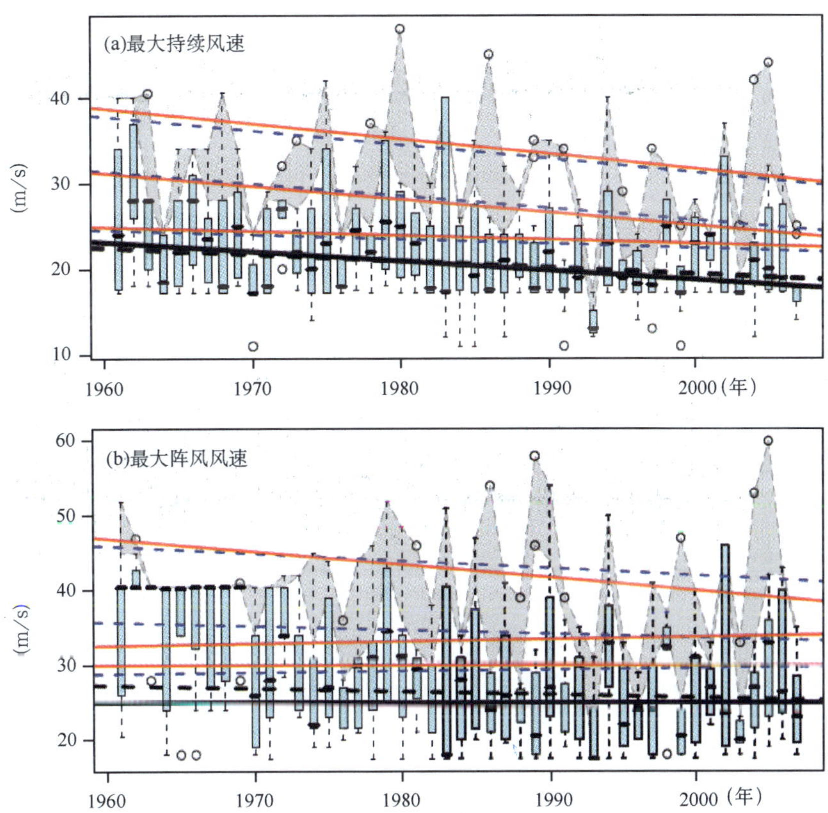

图 1.8　1961—2007 年热带气旋影响华东区域所导致的过程最大持续风速(a)和过程最大阵风风速(b)的变化趋势(单位:m/s)。其中逐年各热带气旋的过程最大持续风速或阵风风速由箱线图表示,极值和第二大值之间以灰色阴影表示,自上而下的横线,虚线为最小二乘回归拟合的历年极值、第二、三大值和均值的趋势,实线为的历年极值、第二、三大值和中位数的 QR 拟合趋势。

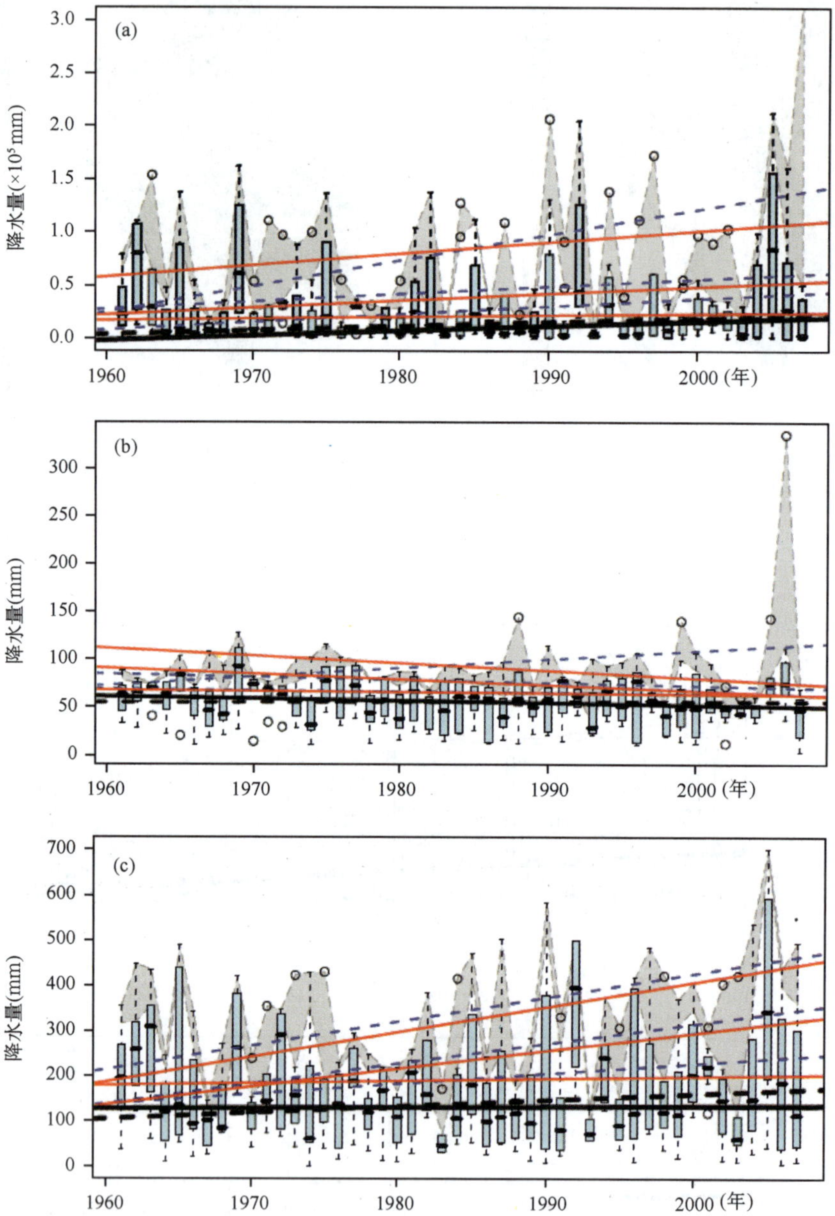

图 1.9 1961—2007 年热带气旋影响华东区域所导致的(a)最大过程降水区域总量,(b)最大 1 小时降水量,和(c)单站最大过程降水量。

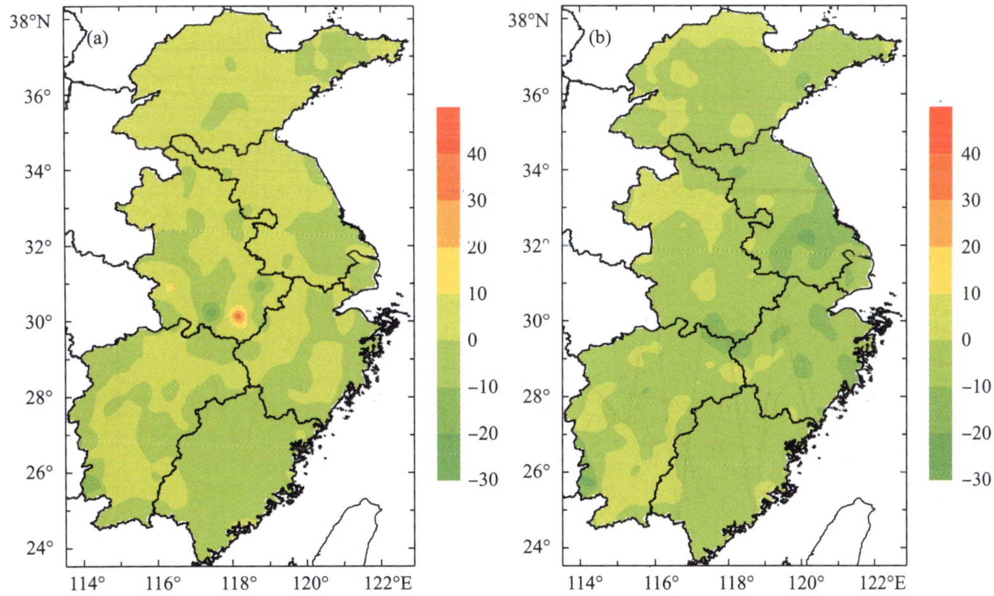

图 1.10　华东雾日数的空间变化趋势(单位:天/10 年;(a)1961—2007;(b)1981—2007)

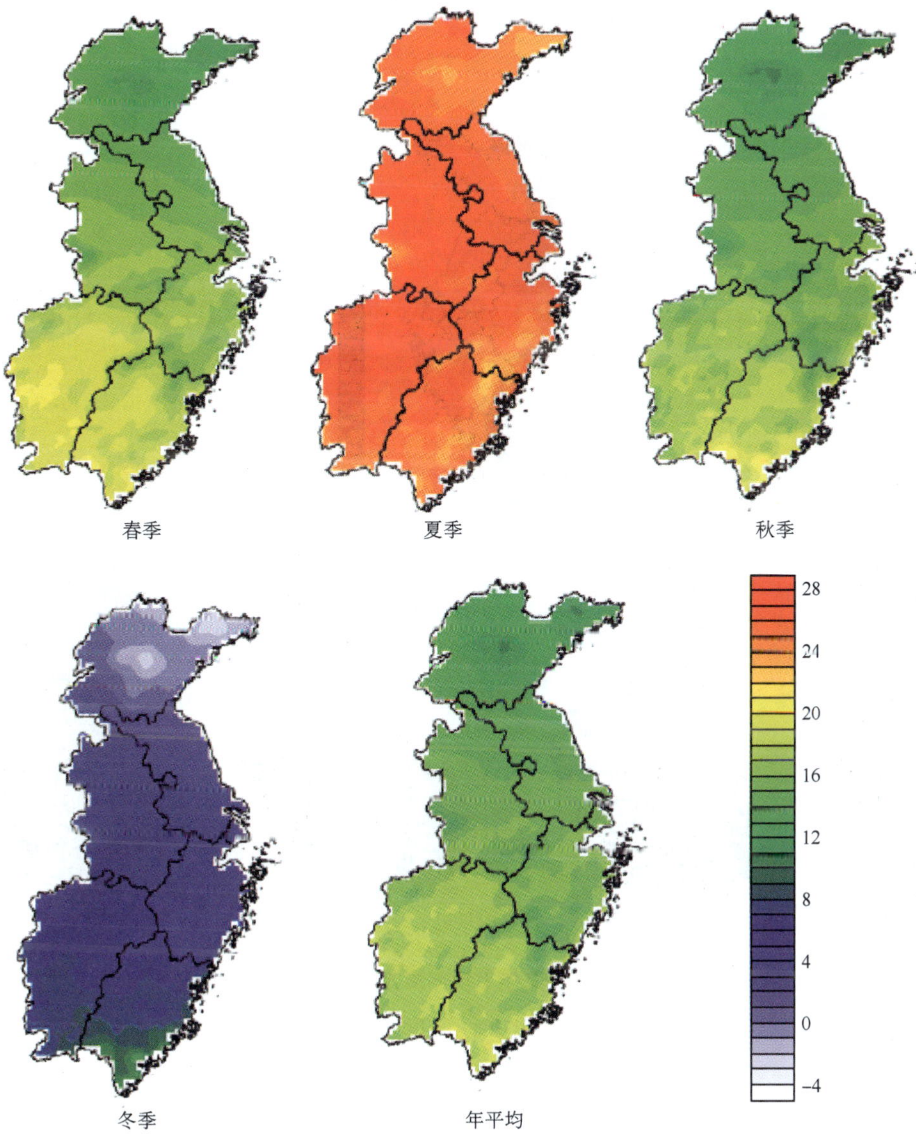

图 2.2　A1B 情景下,区域气候模式 RegCM3 预估的华东区域 2010—2039 年间年平均气温分布(单位:℃)

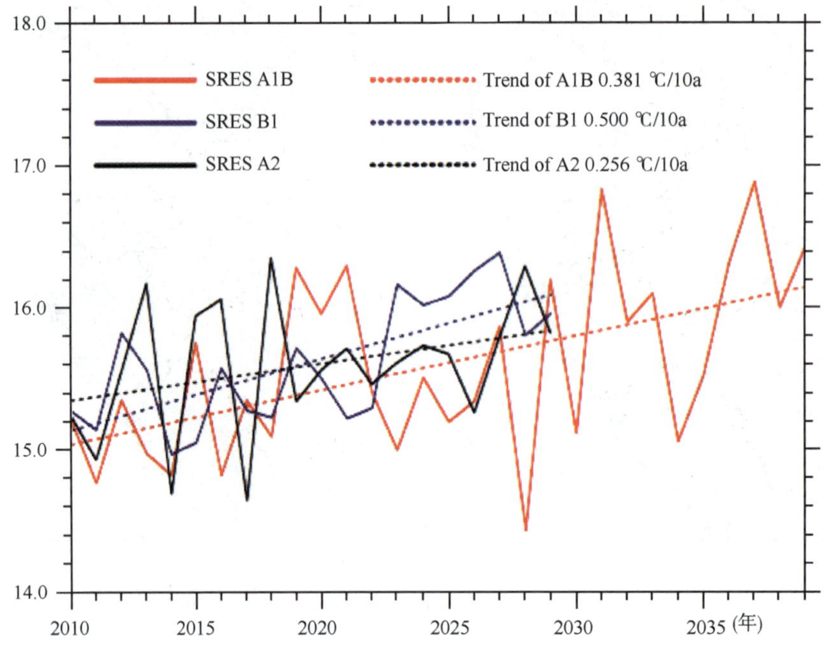

图 2.3 三种情景下华东区域年平均气温(单位:℃)及变化趋势(实线:年均气温;虚线:变化趋势)

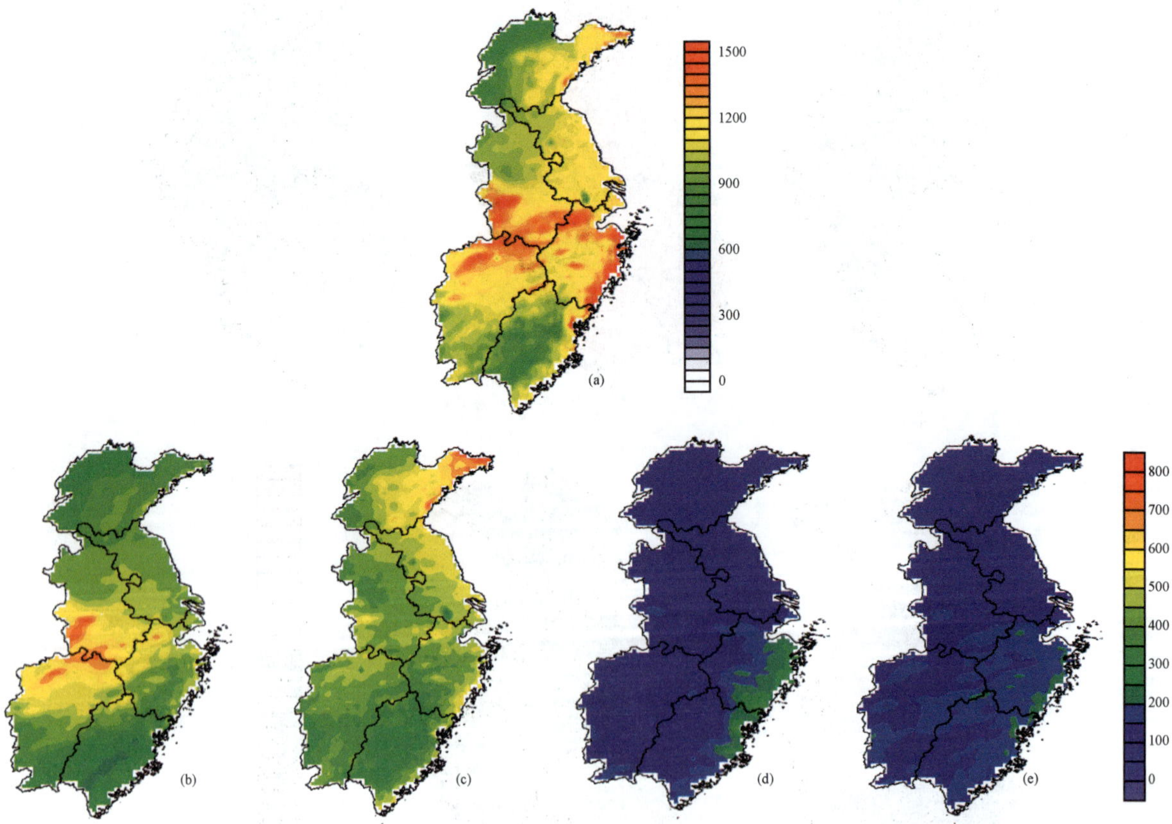

图 2.4 A1B 情景下,区域气候模式预估的多年平均年降水量(a)和 4 个季节降水量(b)春季;(c)夏季;(d)秋季;(e)冬季)(单位:mm)

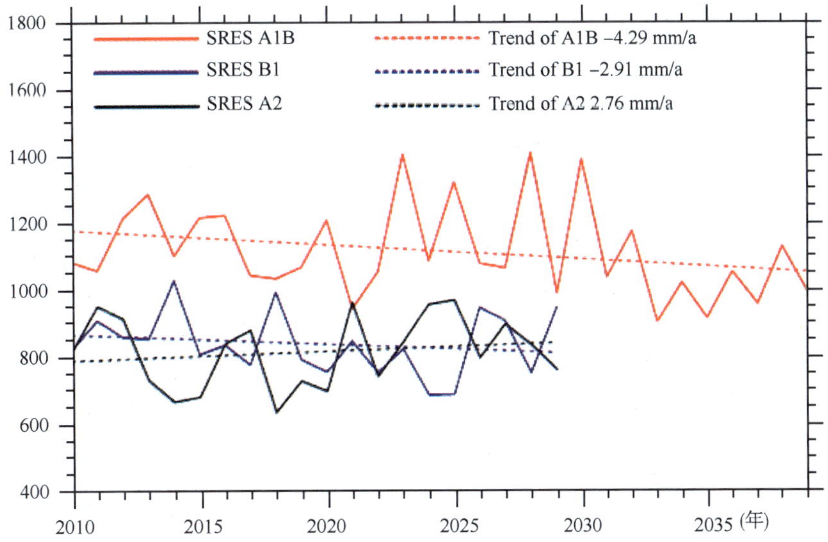

图 2.5　三种情景下华东区域多年平均年降水量(单位:mm)及变化趋势

(实线:年降水量;虚线:变化趋势)

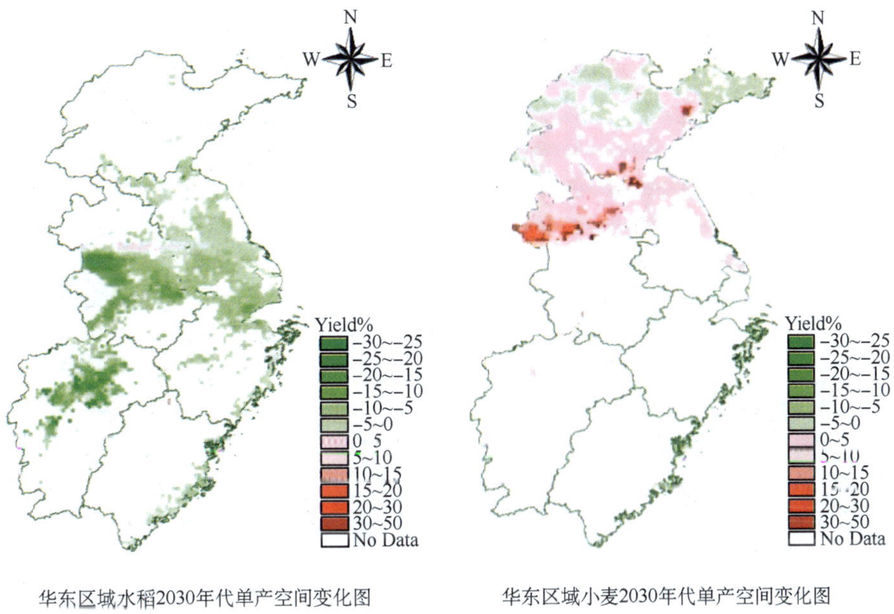

图 3.1　A1B 情景下华东区域 2030 年代小麦及水稻产量模拟

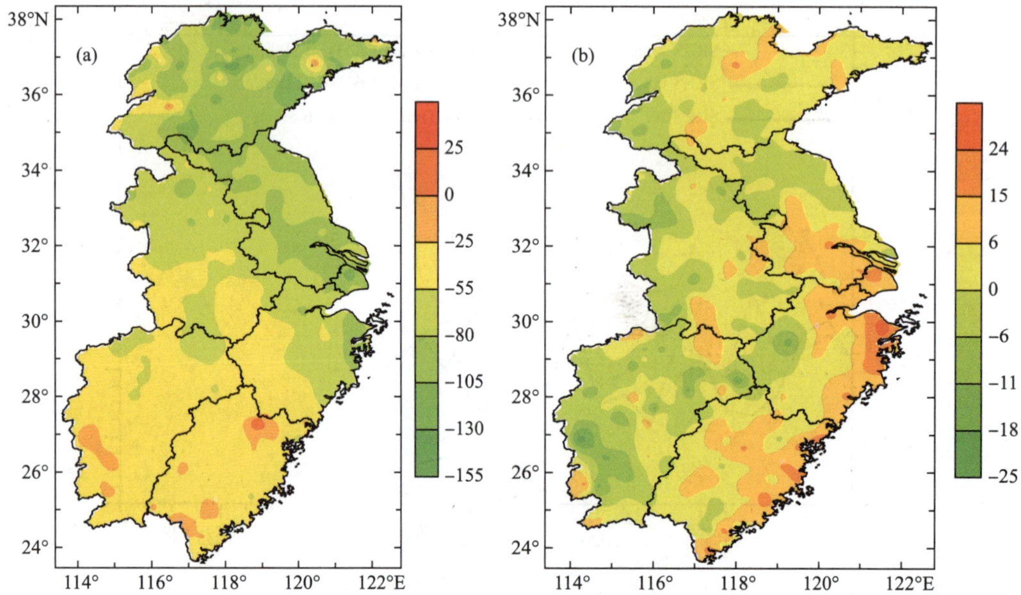

图 3.3　1961—2007 年华东采暖(a)和制冷(b)度日的空间变化(单位:度·日/10 年)(史军,2011)

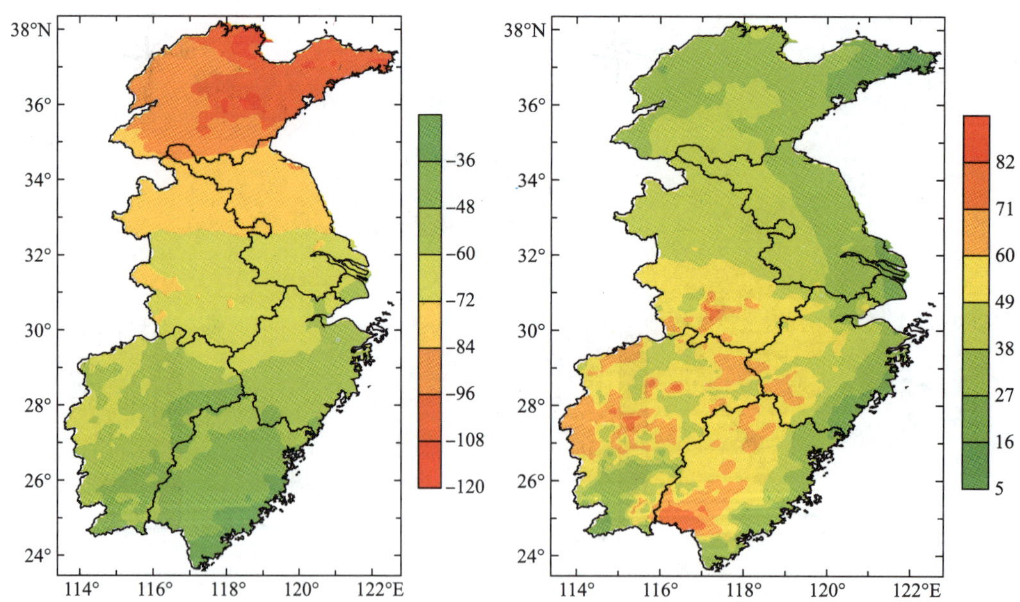

图 3.5　2010—2039 年华东采暖(a)和制冷(b)度日的空间变化趋势(单位:度·日/10 年)(摘自史军等,2011)